WERKSTATTBÜCHER

FÜR BETRIEBSANGESTELLTE, KONSTRUKTEURE UND FACHARBEITER. HERAUSGEGEBEN VON DR.-ING. H. HAAKE, HAMBURG

Jedes Heft 50—70 Seiten stark, mit zahlreichen Abbildungen

Die Werkstattbücher behandeln das Gesamtgebiet der Werkstattstechnik in kurzen selbständigen Einzeldarstellungen: anerkannte Fachleute und tüchtige Praktiker bieten hier das Beste aus ihrem Arbeitsfeld, um ihre Fachgenossen schnell und gründlich in die Betriebspraxis einzuführen.

Die Werkstattbücher stehen wissenschaftlich und betriebstechnisch auf der Höhe sind dabei aber im besten Sinne gemeinverständlich, so daß alle im Betrieb und auch im Büro Tätigen, vom vorwärtsstrebenden Facharbeiter bis zum leitenden Ingenieur, Nutzen aus ihnen ziehen können.

Indem die Sammlung so den Einzelnen zu fördern sucht, wird sie dem Betrieb als Ganzem nutzen und damit auch der deutschen technischen Arbeit im Wettbewerb der Völker.

Einteilung der bisher erschienenen Hefte nach Fachgebieten

I. Werkstoffe, Hilfsstoffe, Hilfsverfahren

II. Spangebende Formung

(Fortsetzung 3. Umschlagseite)

WERKSTATTBÜCHER
FÜR BETRIEBSANGESTELLTE, KONSTRUKTEURE UND FACH-ARBEITER. HERAUSGEBER DR.-ING. H. HAAKE, HAMBURG
HEFT 11

Freiformschmiede

Erster Teil

Grundlagen, Werkstoffe der Schmiede
Technologie des Schmiedens

Von

Dr.-Ing. **Friedrich Wilhelm Duesing**

und

Ing. **Adolf Stodt**

Vierte, neu bearbeitete Auflage
(19. bis 24. Tausend)

Mit 158 Abbildungen

Springer-Verlag
Berlin/Göttingen/Heidelberg
1954

ISBN 978-3-540-01858-2 ISBN 978-3-642-86770-5 (eBook)
DOI 10.1007/978-3-642-86770-5

Inhaltsverzeichnis.

Alle Rechte, insbesondere das der Übersetzung in fremde Sprachen, vorbehalten. Ohne ausdrückliche Genehmignng des Verlages ist es auch nicht gestattet, dieses Buch oder Teile daraus auf photomechanischem Wege (Photokopie, Mikrokopie) zu vervielfältigen.

Vorwort.

Die erste Auflage dieses Buches wurde von P. H. SCHWEISSGUTH † bearbeitet und ist 1922 erschienen. Bei der zweiten Auflage (1934), die von den beiden neuen Verfassern völlig umgestaltet worden ist, ergab sich die Notwendigkeit, den Stoff auf mehrere Hefte zu verteilen. Die „Grundlagen" und die „Stoffkunde" wurden erweitert, die „Schmiedebeispiele" zu einem besonderen Heft ausgestaltet und deshalb ganz herausgenommen (Heft 12). Der frühere zweite Teil „Einrichtung und Werkzeuge der Schmiede" (Heft 56) ist so zum dritten Teil geworden.

Die vierte Auflage trägt der neueren Entwicklung, zumal auch im Hinblick auf die Werkstoffe und die Werkstoffnormung, Rechnung.

Leitwort: Durch vieles Schmieden wird man Schmied.

I. Grundlagen des Schmiedens.

Bearbeitet von Dr.-Ing. **F. W. DUESING**, Beratender Ingenieur, Lebenstedt.

A. Begriff des Schmiedens.

Unter Schmieden versteht man die mechanische Bearbeitung der Werkstoffe bei höheren Temperaturen, insofern zur Formgebung unmittelbar durch Druck wirkende Preß- oder Schlagflächen benutzt werden.

Diese Warmformgebung hat das Ziel, einem Werkstück im Zustande größter Bildsamkeit und damit unter geringstem Aufwand an Formänderungsarbeit eine dem Gebrauchszweck angepaßte Gestalt zu geben und gegebenenfalls seine Werkstoffeigenschaften zu verbessern.

Schmieden nach dieser Begriffsbestimmung lassen sich daher solche Werkstoffe, die in der Wärme erhebliche bildsame oder bleibende Formänderungen ohne Zerstörung ihres molekularen Zusammenhangs auszuhalten vermögen. Zu diesen Werkstoffen gehören die meisten technisch verwerteten Metalle bzw. ihre Legierungen wie Kupfer, Bronzen, Messing, Rotguß, Aluminium, vornehmlich aber die zahlreichen als *Stahl* bekannten Legierungen des Eisens.

B. Die bildsamen Formänderungen im allgemeinen.

1. Begriff und Bedeutung. Bei der Bedeutung, die die bildsamen Formänderungen sowohl für die technischen Formgebungsverfahren wie Schmieden, Pressen, Walzen oder Ziehen, als auch für die Widerstandsfähigkeit, Haltbarkeit und Sicherheit unserer Maschinen und Ingenieurbauwerke besitzen, wird es verständlich, wenn Wissenschaft und Praxis bemüht sind, die Vorgänge bei der bildsamen Verformung zu ergründen.

Die Mechanik kennt und behandelt ausführlich die drei Aggregatzustände *fest*, *flüssig* und *gasförmig*. Bei den Metallen begegnen wir nun einer Zwischenstufe zwischen fest und flüssig, dem sog. *bildsamen* Zustand.

Während die Gesetzmäßigkeiten der elastischen (federnden) oder rückgängigen Formänderungen in der „Festigkeitslehre" nahezu vollkommen ergründet sind, besteht für die Mechanik der bildsamen oder bleibenden, nicht umkehrbaren Formänderungen noch sehr viel Unklarheit. Erst durch die Untersuchungen der letzten Jahre beginnt sich dieses Dunkel dank der Zusammenarbeit von Physik, Metallographie und Hüttenkunde zu lichten.

Zunächst erscheint es jedoch ratsam, den Begriff der Bildsamkeit und das Wesen der bildsamen Verformung zu erläutern, wobei die verwickelten Vorgänge nach Möglichkeit in einer dem Betriebsmann verständlichen Weise dargelegt und auf einfache Formeln gebracht werden sollen.

Wie schon erwähnt, lassen sich die bildsamen Körper als Zwischenstufe der festen Körper und Flüssigkeiten betrachten und besonders in ihrem Verhalten bei höheren Temperaturen unter gleichzeitiger Druck- oder Zugbeanspruchung mit zähflüssigen Körpern vergleichen, so daß die hierfür geltenden Bewegungs- und Formänderungsgesetze angewendet werden können.

2. Zugversuch[1]. Festigkeit und Dehnung. Zur Erläuterung der Vorgänge bei der bildsamen Verformung soll vom Zugversuch ausgegangen werden.

Läßt man auf einen beiderseits eingespannten zylindrischen Stab von der Länge L und dem Querschnitt F eine Kraft P wirken (Abb. 1), so wird der Stab auf Zug beansprucht. Es werde angenommen, daß sich die Belastung gleichmäßig auf die gesamte Querschnittsfläche des Stabes verteile, so daß auf jede Flächeneinheit die gleiche Zugkraft wirkt, deren Größe σ (Sigma) durch die Gleichung $\sigma = P/F$ gegeben ist. Die Kraft P stellt die „Gesamtbelastung" in kg dar, die der Stab ertragen muß, während die auf die Querschnittseinheit entfallende Kraft σ mit „Spannung" bezeichnet wird.

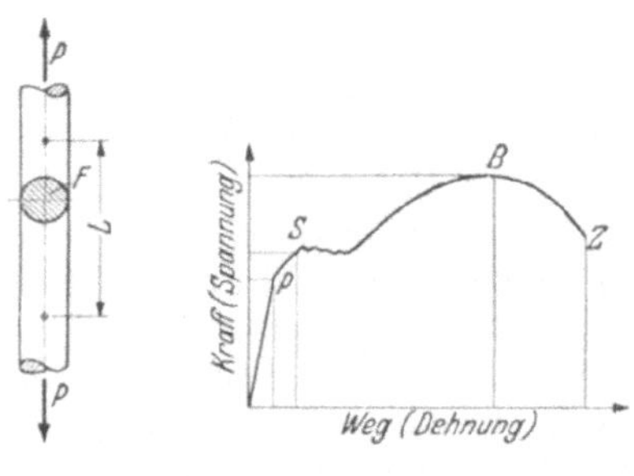

Abb. 1. Abb. 2. Spannungs-Dehnungs-Schaubild.

Unter der Einwirkung der fortlaufend gesteigerten Kraft P ändert nun der Stab seine Gestalt: er wird länger und sein Querschnitt kleiner. Ein genaues Bild des Verlaufs dieser Gestaltänderung wird erhalten, wenn die Längen- bzw. Querschnittsänderungen in Abhängigkeit von der jeweiligen Spannung in ein sog. Achsenkreuz (Koordinatennetz) eingetragen werden. Üblich ist die Aufzeichnung der Längenänderung in Abhängigkeit von der Spannung, wodurch ein Kraft-Weg-Schaubild entsteht, wie in Abb. 2 für einen Flußstahl. Die Längenänderungen, auf einer abgegrenzten Länge, der Meßlänge, gemessen und auf die Längeneinheit bezogen, werden als „Dehnung" bezeichnet.

Das Spannungs-Dehnungs-Schaubild (Abb. 2) zeigt eine für einen bildsamen Werkstoff wie weichen Flußstahl kennzeichnend verlaufende Linie $O\ P\ S\ B\ Z$, deren einzelne Abschnitte für das Verhalten des Werkstoffs in den verschiedenen Spannungsstufen Aufschluß geben. Im Anfange können die Belastungen stetig gesteigert werden, ohne daß größere Formänderungen zu beobachten sind, die Schaulinie verläuft gradlinig unter einem kleinen Winkel gegen die Achse der Spannungen geneigt, was zeigt, daß geringfügige Längenänderungen eintreten. Der geradlinige Verlauf besagt, daß der Werkstoff für gleiche Spannungssteigerungen gleiche Längenänderungen erfährt, daß „Proportionalität" (Verhältnisgleichheit) zwischen Belastung und Formänderung besteht. Außerdem gehen die Längenänderungen wieder zurück, wenn der Stab entlastet wird, sie sind demnach *rein elastisch*, weshalb die Spannung σ_P, bis zu der solche Änderungen ertragen werden, als „Elastizitätsgrenze" bezeichnet wird (sie fällt praktisch mit der Proportionalitätsgrenze zusammen). Eine Steigerung der Belastung über diese Spannung hinaus bewirkt größere Längenänderungen, die bei einer Entlastung verbleiben, bis eine Spannung σ_S erreicht wird, bei der die Schaulinie waagerecht verläuft, oder gar

[1] Siehe Heft 34: Werkstoffprüfung.

abfällt, also Längenänderungen eintreten, ohne daß die Belastung ansteigt. Die von dem Krafterzeuger eingebrachte mechanische Arbeit wird nunmehr vollständig in Formänderungsarbeit umgesetzt, ja in manchen Fällen reicht diese gar nicht aus, um die vorhandene Spannung zu erhalten. Der Werkstoff leistet demnach selbst Arbeit, er fließt gewissermaßen wie eine Flüssigkeit weg, bis sich ein neuer Gleichgewichtszustand eingestellt hat und das Fließen zu Ende gekommen ist und der Werkstoff für weitere Spannungssteigerung aufnahmefähig wird. Die Spannung, bei der dieser Vorgang des Fließens einsetzt, wird mit ,,Streckgrenze" oder ,,Fließgrenze" bezeichnet: Punkt S in Abb. 2.

Im weiteren Verlaufe der Belastungssteigerung setzt nun neben den Längenänderungen die Querschnittsverminderung ein, die sich durch ein Einschnüren eines Stabteiles kenntlich macht. Obgleich nun der Querschnitt geringer wird, vermag der Werkstoff in diesem Zustande weitere Spannungszunahmen zu ertragen und aufzunehmen; er wird demnach fester. Hat sich der Querschnitt soweit verringert, daß die Kohäsionskräfte des Werkstoffes der Belastungsspannung nicht mehr das Gleichgewicht halten können, so tritt eine Trennung ein: der Stab reißt auseinander. Wir sind an der Bruchspannung des Werkstoffes angelangt. Die der Höchstlast bei B entsprechende, auf den Anfangsquerschnitt bezogene Spannung σ_B wird mit ,,Bruchfestigkeit" oder ,,Zerreißfestigkeit" bezeichnet und als kennzeichnende Größe für die Eigenschafts- und Gütebeurteilung eines Werkstoffes benutzt. Die Trennung setzt nur bei spröden und harten Stoffen plötzlich ein, verläuft dagegen unter starker örtlicher Einschnürung und Spannungsabfall bei verformungsfähigen Werkstoffen allmählich. Zusammenfassend läßt sich der Ablauf des geschilderten Zugvorgangs etwa wie folgt einteilen:

Beim Recken oder Strecken eines Werkstoffes durch stetig sich steigernde Belastungen lassen sich drei grundsätzlich voneinander verschiedene Spannungsbereiche unterscheiden:

1. Der Spannungsbereich der elastischen Formänderungen, von σ_O bis σ_P;
2. Der Spannungsbereich der bildsamen oder bleibenden Formänderungen, auch Fließbereich genannt, von σ_P bis σ_S;
3. Der Spannungsbereich der Verfestigung des Werkstoffes, von σ_S bis σ_B.

3. Die bildsame Verformung. Für das Verständnis der Vorgänge beim Schmieden ist die Kenntnis des Ablaufs der bleibenden Verformungen im Fließbereich besonders wichtig. Auf welche Ursachen ist nun dieses bildsame Verformen und das beim Stahl zu beobachtende plötzliche Fließen zurückzuführen? Eine Ergründung der bildsamen Verformung der Metalle wird ihren Ausgang von dem Gefügeaufbau nehmen und dabei besonders berücksichtigen müssen, daß die Metalle aus einem Haufwerk von Kristallkörnern (Kristallite) bestehen. Die bildsamen Formänderungen können demnach in der Verformung der einzelnen Kristallkörner selbst bestehen oder in einer Verschiebung der Körner gegeneinander, wobei beide Erscheinungen nebeneinander und gleichzeitig verlaufen können, tatsächlich auch verlaufen. Die Formänderungsfähigkeit in den Kristallkörnern wird erklärt durch Verschiebungen längs Gleitflächen, die eine bestimmte kristallographische Anordnung zu den Kristallachsen besitzen. Diese Erscheinung ist in der Form vorstellbar, daß die bildsamen Metalle ihre Kristallkörner unter dem Einfluß von Druck und Wärme in dünne Schichten zerteilen, die sich im bildsamen Zustande übereinander verschieben und dabei in bevorzugten Richtungen und Flächen, die nicht einmal gerade und eben zu sein brauchen, aneinander vorbeigleiten. Diese Gleitflächen scheinen weiterhin dadurch gekennzeichnet zu sein, daß die Kristalle in ihnen besonders niedrige Werte der Schubfestigkeit aufweisen, so daß längs dieser Flächen eine Verschiebung eintreten kann, wenn die durch die äußere Belastung in dem Werkstück hervorgerufene Spannung diese Schubfestigkeit zu überwinden vermag. Es läßt sich rechnerisch ermitteln, daß die zu einer Verschiebung längs einer Gleitfläche notwendige Spannung einen Mindestwert aufweist, wenn der Winkel, den die Fläche mit der Beanspruchungsrichtung bildet, 45° beträgt. Bei der Belastung eines metallischen Körpers, der aus regellos durcheinandergewürfelten Kristallkörnern besteht, wird beim Eintritt in den Fließbereich die erste bildsame Formänderung daher nur in denjenigen Kristallkörnern auftreten können, deren Gleitflächen zufällig um 45° gegen die Richtung der angreifenden äußeren Kraft geneigt sind. Die dadurch hervorgerufene Bewegung der Kristallteilchen wird nur gering sein und durch anstoßende benachbarte Kristallite begrenzt werden, solange bis die äußere Kraft so stark angewachsen ist, daß auch diese weniger günstig gelagerten Körner Gleitungen erfahren. Mit fortschreitender Belastung werden dann immer mehr Körner von dieser Gleitbewegung erfaßt, bis schließlich sämtliche Körner in Bewegung sind und in der Kraftrichtung zu fließen beginnen.

Neben dem kristallinischen Aufbau des Gefüges hängt die Formänderungsfähigkeit noch von der verwendeten Belastungsgeschwindigkeit (s. S. 10) und der Temperatur ab. Durch eine Erwärmung wird das Kristallgefüge aufgelockert, gewissermaßen flüssiger, so daß der Fließzustand früher eintreten kann.

Die für eine Reck- oder Zugbeanspruchung ausführlich erläuterten Erscheinungen lassen sich entsprechend und sinngemäß auf andere Beanspruchungsfälle (Druck, Biegung, Verdrehung usw.) übertragen, da die Träger des Fließvorganges oder der bildsamen Formänderung stets die Kristallkörner bleiben. Es erübrigt sich daher, auf diese Beanspruchungsfälle noch besonders einzugehen.

C. Verformungsvorgänge beim Schmieden[1].

Das Schmieden besteht in der Hauptsache aus einer Reihe aufeinanderfolgender Stauchungen, und die Formänderungen gehen im wesentlichen nur nach zwei Richtungen vor sich. Die freie Entfaltung der durch die einwirkende Kraft erzeugten Formänderung wird am stärksten behindert durch die Oberflächenreibung an den Schlag- oder Druckflächen der Schmiedegeräte, zwischen denen geschmiedet wird und durch die die zur Formänderung notwendigen Kräfte übertragen werden.

4. Stauchen eines freien Körpers. Bei vollkommen reibungslosem und ungehindertem Stauchen wird ein freier Körper zu einer der Ausgangsform geometrisch ähnlichen Form verformt (Zylinder zum Zylinder, Prisma zu Prisma usw.), da in diesem Falle die Körperteilchen nur parallel zueinander verschoben werden. Dieser reinen Parallelverschiebung wirkt jedoch die Oberflächenreibung entgegen, so daß die Form nur geändert werden kann durch Verschiebung der *inneren* Schichten gegen die an den Druckflächen durch die Reibung mehr oder weniger festgehaltenen *äußeren* Schichten des Werkstücks. Dadurch treten zusätzliche Kräfte auf, die mit überwunden werden müssen und die als innere Reibungskräfte bzw. Reibungswiderstände anzusehen sind. Für den Arbeitsbedarf und die notwendigen Formänderungskräfte ergeben sich daraus zusätzliche Kraftaufwendungen (s. S. 11). Unter Berücksichtigung dieser die freie Verformung behindernden Umstände wird ein gerader, zylindrischer oder prismatischer Körper beim Stauchen die Form nach Abb. 3 oder 4 annehmen[2].

---

[1] Es sei hier auf das ausgezeichnete Buch von SIEBEL: Die Formgebung im bildsamen Zustande (Düsseldorf: Stahleisen), hingewiesen, dem das Wesentliche der folgenden Ausführungen zu danken ist.

[2] Eine solche schematische Betrachtung, bei der nur ein einziger Stauchvorgang zugrunde gelegt wird, darf nicht ohne weiteres auf den praktischen Schmiedevorgang übertragen werden. Beim wirklichen Schmieden reihen sich eine große Zahl derartiger Einzelvorgänge aneinander,

Es lassen sich drei Zonen unterscheiden: die Zonen *I* entstehen oben und unten an den Preßflächen infolge des durch die Reibung behinderten Stoff-Flusses. Sie gehen allmählich in die Zone *II*, die Hauptverformungszone über, so daß die Stauchung von der Preßfläche bis zur Mitte des Körpers stetig wächst. In den zu den Ecken hin verlaufenden Ausläufern der Zone *II* läßt sich auch hier auf das Auftreten von hohen Schubbeanspruchungen schließen, unter deren Einfluß sich bei stärkerer Stauchung die den Preßflächen benachbarten Teile der Seitenflächen an die Preßflächen anlegen (SIEBEL). Die Seitenzonen *III* werden zunächst wenigstens gleichmäßig über die ganze Höhe gestaucht, dann scheinen aber auch Zugspannungen aufzutreten, die das Gefüge „auflockern", denn man kann beobachten, daß kleine Oberflächenrisse sich erheblich vergrößern.

Ist der Stauchkörper sehr hoch im Verhältnis zum Querschnitt, so bilden sich die Zonen anders aus (Abb. 4b) und der Stoff fließt demgemäß anders, und zwar so, daß zunächst Ausbauchungen nahe den Endflächen entstehen (Abb. 4a), die erst bei weiterem Fortschreiten der Stauchung zu einer mittleren Stauchung zusammenwachsen. Daß der Querschnitt des Körpers entsprechend der Höhenabnahme wächst, folgt aus dem immer gleichbleibenden Volumen. Während nun beim zylindrischen Körper der Querschnitt seine Form nicht ändert, also kreisförmig bleibt, trifft das für den eckigen Querschnitt nicht zu: die geraden Seiten bauchen sich aus, der Querschnitt nähert sich mehr und mehr der Kreisform, um sie im günstigsten Falle zu erreichen. Scharfe Ecken verschwinden allerdings nicht leicht völlig, um so weniger, als sie sich auch schneller abkühlen und infolgedessen weniger bildsam werden. Abb. 5 zeigt die Endform beim Stauchen eines rechtkantigen Körpers in der Draufsicht.

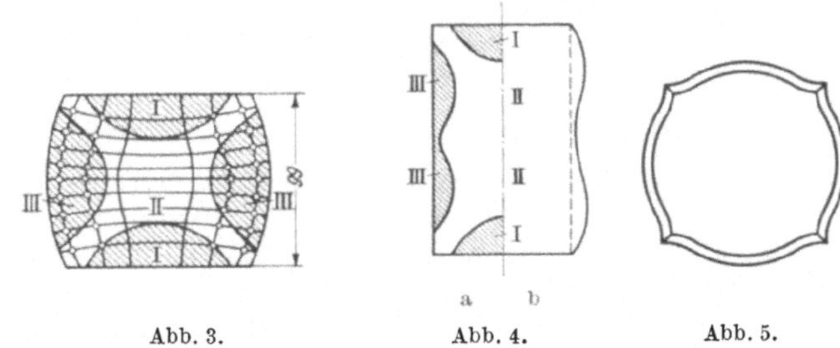

Abb. 3. Abb. 4. Abb. 5.

Abb. 3—5. Verformungen beim Stauchen zylindrischer und rechtkantiger Körper

Unter dem Einfluß der beim Schmieden gerader Körper auftretenden Tonnenform und den bei zu starkem Stauchen sich ergebenden Quetschformen und Brucherscheinungen hat sich eine Theorie herausgebildet, die unter dem Namen „Rutschkegeltheorie" hinreichend bekannt ist. Sie fußt auf der Ansicht, daß sich beim Stauchen eines zylindrischen Körpers über den Druckflächen kegelförmige Körper ausbilden, die keinerlei Formänderungen erfahren. Die aus berechtigten Zweifeln hervorgegangenen späteren Untersuchungen haben denn auch eindeutig ergeben, daß diese Rutschkegel unter dem Einfluß der Oberflächenreibung entstehen und auf die Verformungsbehinderung durch die Druckflächen zurückzuführen sind. Tatsächlich kann ein freies Verformen, also ohne Entstehung von Rutschkegeln und ohne Ausbauchung erzielt werden, wenn entweder die Preßflächen in geeigneter Weise geschmiert oder wenn sie kegelförmig ausgebildet werden.

Das Schema (Abb. 3) läßt eine gewisse Ähnlichkeit der Verformung mit der Rutschkegelerscheinung nicht verkennen; wesentlich ist jedoch, daß einmal die

---

so daß die Wirkung des Einzelvorgangs nicht beobachtet werden kann. Nimmt man ein Rechtkant als Beispiel, so wird dieses zudem in der Praxis dauernd gekantet, wodurch naturgemäß am Ende der Arbeit ein einzelner von vielleicht hundert oder mehr Stauchschlägen in seiner Wirkung auf den Stoff-Fluß und die Gefügeänderungen nicht mehr zu erkennen ist.

Übergänge zwischen den einzelnen Zonen allmählich verlaufen und zum anderen, daß auch in den kegelförmigen Körpern über den Druckflächen Verformungen nachzuweisen sind. Für den Betriebsmann ist es besonders wertvoll, daß die späteren Untersuchungen den Nachweis erbracht haben, daß in allen Teilen des Werkstücks Verformungen, wenn auch der Größe und Art nach verschieden, hervorgerufen werden.

5. Verhältnisse beim Strecken. Das Strecken (s. S. 29) besteht aus einer Reihe von Stauchungen (Drücken) nebeneinanderliegender Stabteile, so daß sich die Fließzonen und die Endformen bei jedem einzelnen Druck wegen des anliegenden ungedrückten Stoffes nicht so ausbilden können, wie beim freien Körper.

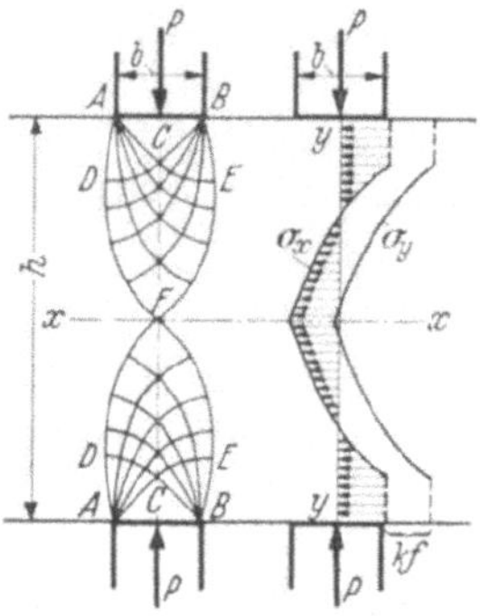

Abb. 6. Fließlinien (links) und Spannungen (rechts) beim Drücken mit schmaler Preßfläche.

Die dadurch bedingte, sehr verwickelte Spannungsverteilung und sehr verschiedene Spannungsgröße lassen sich nicht genau bestimmen, doch ist es durch vereinfachende Annahmen gelungen, die Spannungen wenigstens der Größenordnung nach zu berechnen und die Verteilung sogar sichtbar zu machen.

In Abb. 6 sind die Spannungen dargestellt, die auf Grund theoretischer Überlegungen beim Strecken mit verhältnismäßig schmalen Preßbahnen in einem rechteckigen Stabe entstehen, unter Berücksichtigung sowohl der Reibung durch die Preßflächen wie des Einflusses der benachbarten nicht unmittelbar gedrückten Teile. Die Richtungen, in denen die Stoffteile durch die mit der Kraft P wirkenden Druckflächen $A\,B$ verschoben werden bzw. abgleiten, sind durch die Gleit- oder Fließlinien bzw. räumlich gesehen, Gleitschichten, dargestellt. Die einzelnen Linien schneiden einander unter bestimmten Winkeln und vereinigen sich zu einer Linienschar, die sowohl gegenüber der senkrechten Mittellinie C-C wie der waagerechten x-x symmetrisch ist. Die Grenzlinien ADF bzw. BEF trennen das plastisch verformte Gebiet von dem nur elastisch beanspruchten; die von den Kanten A bzw. B ausgehenden Linien gehen dabei tatsächlich über die Grenzlinien in das elastische Gebiet. Die Flächen (Räume) ABC stellen die durch die Reibung am Fließen am stärksten behinderten Stoffteile dar.

Im Bild rechts in Abb. 6 sind die Spannungen, wie sie sich aus den Gleitlinienscharen errechnen lassen, aufgezeichnet: die waagerechten Spannungen σ_x in der die Kräfte enthaltenden senkrechten Mittelebene sind unter den Preßflächen zunächst gleichgroße Druckspannungen, nehmen dann (s. Linie σ_x) auf Null ab und gehen in Zugspannungen über, die von Null stetig bis zur Körpermitte x-x wachsen. Die senkrechten Spannungen σ_y sind in derselben Mittelebene von Preßfläche zu Preßfläche gleich groß (s. Linie σ_y, die von Linie σ_x aus abgetragen ist), und zwar gleich k_f, d. i. gleich P dividiert durch die Preßfläche (s. nächsten Abschnitt).

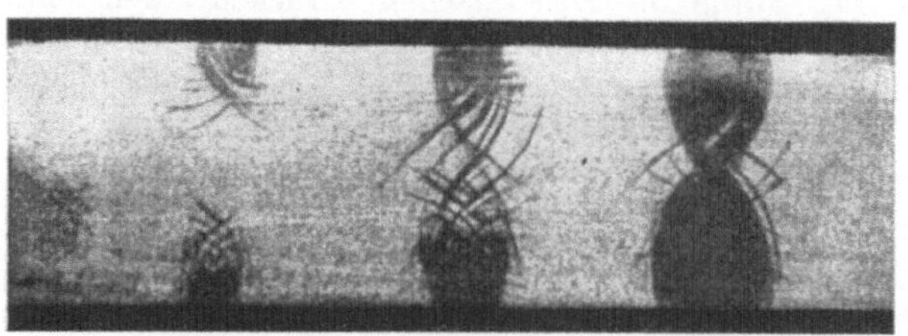

Abb. 7. Druckversuch mit schmaler Preßbahn (Ätzung nach FRY).

Abb. 7 zeigt das Ergebnis eines Versuches, bei dem ein Rechtkantstab an verschiedenen Stellen mit stufenweise gesteigerter Kraft gedrückt wurde. Die verformten Zonen bzw. die Gleitliniensysteme sind durch Ätzung (nach FRY) sichtbar gemacht. Man erkennt, daß das Verformungsgebiet dem theoretisch abgeleiteten der Abb. 6 sehr ähnlich ist. Man erkennt auch, daß mit zunehmender Stärke des Druckes die Kraftwirkung nach innen (und etwas auch seitlich) vorschreitet und daß schließlich ein zusammenhängendes verformtes Gebiet entsteht, das einzelne Gleitlinien kaum mehr unterscheiden läßt, das allerdings in der Mitte verhältnismäßig schmal ist. Dieser Mangel verschwindet ganz, wenn mit breiteren Preßbahnen gedrückt wird, wie sie für den Versuch (Abb. 8) benutzt wurden. Aus diesen Überlegungen und Versuchen ergibt sich für die Werkstatt eine wichtige Erkenntnis: um ein Werkstück gut bis in den Kern durchzuschmieden, bedarf es sowohl ausreichend starker Drucke wie auch (im Verhältnis zur Höhe) genügend breiter Preßflächen. Zu schmale Flächen geben nicht nur ungenügende Durchschmiedung, sondern rufen im Kern auch, wie Abb. 6 zeigt, starke Zugspannungen in der Längsrichtung hervor, die Anlaß zu Rissen werden können. Weitere Überlegungen und Versuche haben allerdings gezeigt, daß verhältnismäßig sehr breite Preßflächen auch ungünstig wirken, indem sie sehr breite, an der Verformung behinderte Gebiete schaffen, wodurch starke Druckspannungen entstehen, die Anlaß zu erheblicher Breitung und Umformungsverlusten sind. Es erfordert also die Wahl der richtigen Hammer- oder Pressengröße und der Breite der Kerne (Sättel) eine tiefe Einsicht in die Schmiedevorgänge.

Abb. 8. Druckversuch mit breiterer Preßbahn (Ätzung nach FRY).

Die Versuche haben weiter gezeigt, daß das verformte Gebiet bei genügend starken Drucken erheblich über die Preßflächen seitlich hinausgeht. Unter Verwendung auch dieser Erkenntnis sind nun in Abb. 9 die Gleitschichten konstruiert, wie sie unter Berücksichtigung des Vorschubes beim Strecken in einem rechteckigen Stab entstehen dürften.

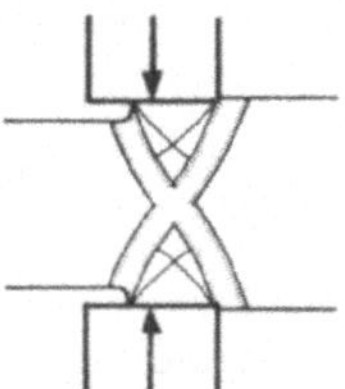

Abb. 9. Gleitschichten beim Strecken.

Zum Schluß sei noch ausdrücklich darauf hingewiesen, daß die hier dargestellten Ergebnisse von Überlegungen und Versuchen zunächst nur für nicht erhitzten also nicht sehr bildsamen Werkstoff gelten. Immerhin dürfen die Ergebnisse *grundsätzlich*, wenn auch nicht der Größe nach, auf den hocherhitzten Werkstoff des Schmiedes übertragen werden, so daß sie in hohem Maße dazu beitragen können, die Erscheinungen beim Schmieden zu klären.

D. Rechnerische Grundlagen.

Die zur bildsamen Verformung nötige Kraft bzw. Arbeit kann nur für den einfachsten Fall berechnet werden, daß ein freistehender Körper von rechteckigem oder rundem Querschnitt durch Stauchen zusammengedrückt wird. Zahlenmäßig genau läßt sich auch dann nur rechnen, wenn man von der Reibung absieht, die, wie wir wissen, dadurch entsteht, daß die beim technischen Stauchen nötige Kraft durch Druckflächen (Bär- oder Hammerbahn und Amboß- oder Sattelfläche) auf den Körper übertragen werden muß.

Zunächst sei von dieser Reibung abgesehen, also angenommen, daß der Körper beim Stauchen seine Form grundsätzlich beibehält (die Ausbauchungen sind nur eine Folge der Reibung, zumal an den Druckflächen), daß nur sein Querschnitt in dem Maße wächst, wie seine Höhe abnimmt.

6. Kraft zum freien, reibungslosen Stauchen. Bezeichnet dann F den Querschnitt in mm² und k_f die Formänderungsfestigkeit bzw. den Formänderungswiderstand des Werkstoffes in kg/mm², so ist die zur Stauchung erforderliche Kraft:

$$P = F k_f \text{ [kg]}. \tag{1}$$

Ist also k_f bekannt, so kann P berechnet werden. k_f ist nun nicht wie die Bruchfestigkeit des Werkstoffes zahlenmäßig eindeutig bestimmt, sondern es ist außer vom Werkstoff noch abhängig: 1. vom Spannungszustand, unter dem der Körper steht, d. h. von der Art, Größe und Richtung der Spannungen, die auf den Körper wirken, ob er z. B. frei oder im Gesenk zusammengedrückt wird, ob über der ganzen Fläche oder nur an einer Stelle; 2. von der Temperatur; 3. von der Geschwindigkeit der Verformung, ob der Körper z. B. durch langsam wirkenden Pressendruck oder durch Hammerschlag mit hoher Geschwindigkeit gestaucht wird.

Abb. 10 u. 11 geben die Größe von k_f für drei Kohlenstoffstähle in Abhängigkeit von der Temperatur an und zwar für das Stauchen unter der Presse mit einer Geschwindigkeit $W = 6$ mm/s und unter dem Hammer mit $W = 7000$ mm/s.

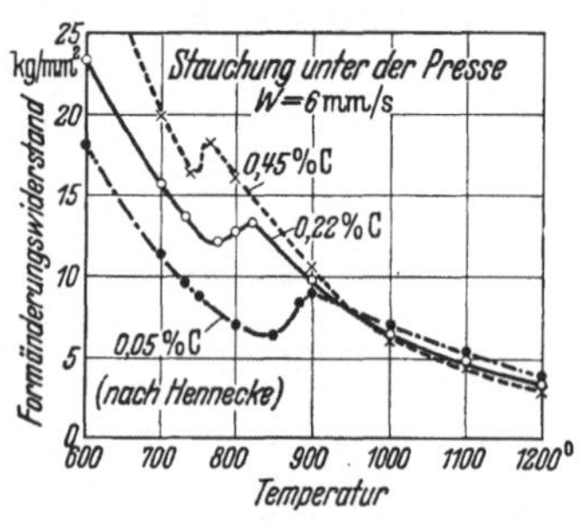

Abb. 10.

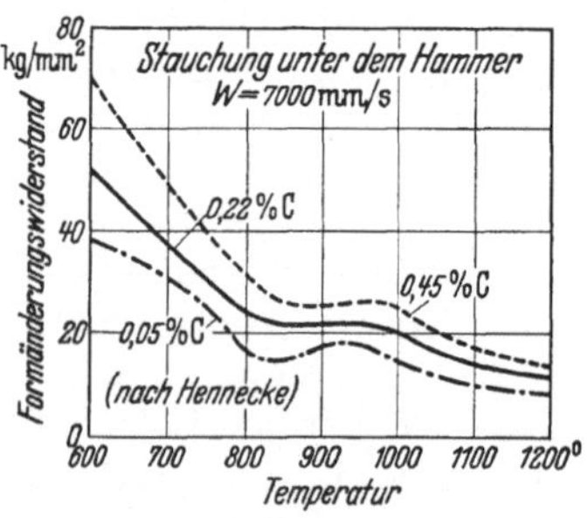

Abb. 11.

Abb. 10 u. 11. Formänderungswiderstand für drei verschiedene Stähle in Abhängigkeit von Temperatur und Verformungsgeschwindigkeit (W).

Man erkennt, daß k_f, abgesehen von einer Unstetigkeit im Gebiet der (α-γ)-Umwandlung (s. S. 13), mit steigender Temperatur abnimmt, dann aber auch, daß es bei großer Verformungsgeschwindigkeit wesentlich höher liegt als bei geringer.

Tabelle 1. *Schmiedetemperaturen und Festigkeiten verschiedener Werkstoffe*[1].

Werkstoff	Festigkeiten im weichgeglühten Zustand		Mittlere Schmiedetemperatur	Formänderungswiderstand bei dieser Temperatur
	Zugfestigkeit σ_B kg/mm²	Brinellhärte H_B kg/mm²	°C	kg/mm²
1. Stahl (mit 0,25% C)	36	130	1000	5,5
2. Elektrolytkupfer (99,99%)	22	18	750	3,9
3. Messing (mit 57,7% Cu)	41	47	700	2
4. Aluminium (99,99%)	5	14	500	1,2
5. Aluminium (99,6%)	8	23	525	2
6. Al-Mg-Si (Anticorodal)	12	34	480	2,7
7. Al-Cu-Mg (Avional Sk)	19	50	420	5,2
8. Al-Mg (Peraluman 7)	33	80	430	6,8

Tabelle 1 läßt erkennen, daß die Warmfestigkeit verschiedener Leichtmetalllegierungen erheblich hoch und somit das Schmieden dieser Legierungen teilweise sogar schwieriger ist als das Schmieden weicher Stähle.

[1] Vgl. Zeerleder, A. v.: Freiformschmieden von Leichtmetallen. Werkst. u. Betr. Jgg. 70 (1937), S. 270.

7. Arbeit zum freien, reibungslosen Stauchen. Beim Stauchen des Körpers von h_0 auf h_1 (Abb. 12), also um die Höhe $h = h_0 - h_1$, wachse der Querschnitt von F_0 auf F_1. Die zum Stauchen nötige Arbeit A wäre einfach $= Ph = F k_f h$, wenn F und damit P während des Weges h gleich groß bliebe. Tatsächlich wächst aber F, und zwar von F_0 auf F_1. Es läßt sich nun zeigen, daß das Produkt aus den wachsenden Querschnitten und dem Weg gleich der in Abb. 12 schraffierten Fläche ist, die nichts anderes darstellt als das sog., dem Schmied geläufige „verdrängte Volumen" V_d [mm³]. Daher wird die Staucharbeit

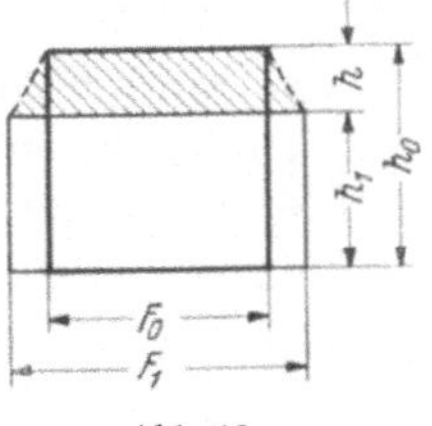

Abb. 12.

$$A = V_d k_f \text{ [mmkg]}. \qquad (2)$$

Damit ist, da k_f und V_d bekannt sind, die Arbeit zu berechnen. Wir haben somit, wenn auch nicht genau die *Größe* der Staucharbeit, so doch ihre *Größenordnung*.

8. Kraft und Arbeit zum freien Stauchen mit Reibung. Versuchen wir nun die Reibung zu berücksichtigen, so müssen wir wissen, daß die Reibung an den Druckflächen im ganzen Körper einen zusätzlichen Fließwiderstand k_r erzeugt, der nun aber nicht wie k_f überall gleich groß ist, sondern der um so größer ist, je weiter eine Stelle von der freien Seitenfläche des Körpers entfernt ist. k_r ist ferner um so größer, je geringer die Höhe des Stauchkörpers im Verhältnis zum Querschnitt und je größer die Reibung an den Druckflächen ist.

Addiert man k_f und k_r, so erhält man den gesamten Formänderungswiderstand in kg/mm² $K_f = k_f + k_r$. Damit wird dann die gesamte Formänderungsarbeit

$$A_g = V_d K_f \text{ [mmkg]}. \qquad (3)$$

9. Vorgehen in der Werkstatt. Die Formel (3) hat wesentlich grundsätzliche Bedeutung. Mit ihr in der Werkstatt zu rechnen, ist schon darum nicht möglich, weil k_r und damit K_f nicht genauer bekannt und nicht einfach zu bestimmen ist, vor allem aber, weil der Fall, daß ein einfacher Körper mit dem ganzen Querschnitt zusammengedrückt wird, verhältnismäßig selten ist. Auch die Formeln (1) und (2) wird der Schmied vielleicht nicht verwenden, aber sie könnten ihm in Zweifelsfällen doch von Nutzen sein, da sie ihm mühelos einen Anhalt über die aufzuwendende Kraft bzw. Arbeit geben.

Mehr ist bei den vielfältigen, immer wechselnden Arbeiten der Freiformschmiede kaum möglich. Nicht nur, daß es sich meist darum handelt, nur eine Stelle eines großen Körpers zu verformen, auch die Form der Sättel und der Wirkungsgrad der Maschine spielen eine große Rolle, und der Wirkungsgrad des Hammers z. B. ist außer von der Geschwindigkeit des Schlages, den Massen des Bären und der Schabotte, auch von Masse und Temperatur des Werkstücks abhängig. Vor allem aber muß der Schmied mit den Maschinen, die er hat, wirtschaften. Er wird daher die Arbeit nach einem bestimmten Schema auf seine Maschinen verteilen, wobei die Größe des zu verschmiedenden Blockes für die Auswahl der Maschine maßgebend ist, etwa wie folgt:

Brammen	bis 150 ⌀ □	500 kg-Hammer		Rohblöcke	bis	550 achtkant	10 000 kg-Hammer
Rohblöcke	„ 200	„ 900 „	„	„	„	650 „	1 500 t-Presse
„	„ 300	„ 1 800 „	„	„	„	2 200 „	4 000 „ „
„	„ 450	„ 3 000 „	„				

II. Der Werkstoff der Schmiede.

Bearbeitet von Dr.-Ing. **F. W. DUESING.**

A. Stahl als Werkstoff.

Von den bildsamen Werkstoffen, die in der Freiformschmiede verarbeitet werden, kommt den unter dem Sammelnamen „Stahl" bekannten Eisenlegierungen die größte Bedeutung zu und von ihnen soll hier gesprochen werden.

10. Die Rohform. Der Schmiede wird der Stahl entweder als gegossener Block, als vorgewalzter Knüppel oder als fertig gewalztes Stabeisen angeliefert.

Der *gegossene Block* kann quadratischen, rechteckigen, vieleckigen oder runden Querschnitt haben, oder sogar eine Form, die der Endform des Schmiedestückes bereits angepaßt ist. In diesem Falle muß der Schmied jedoch Vorsicht walten lassen, damit die nötige Durchschmiedung noch erzielt werden kann, um eine Verbesserung der Eigenschaften mit Sicherheit zu erreichen. Dies gilt ebenso für die Auswahl der Blöcke, die meistens in Abmessungen bezogen werden, wie sie im Stahlwerk aus gießtechnischen Gründen üblich sind.

Für kleinere Schmiedestücke wie Waggonhaken, Puffer, Pufferkörper, Achsen, Motor- und Lokomotivteile nimmt man vorteilhaft aus dem Block vorgewalzte *Vierkantknüppel*, die entweder gerade Seitenflächen und abgerundete Ecken oder wie die *Zaggeln* oder *Spitzbogenknüppel* runde Seitenflächen haben (Abb. 13).

Abb. 13. Querschnitt einer Zaggel.

Das Metergewicht der Spitzbogenknüppel ist etwas größer als das der Vierkantknüppel. Die Länge der Knüppel richtet sich nach den herzustellenden Schmiedestücken, wird aber bei Knüppeln von 60···100 mm □ nicht über 2 m gewählt, während Knüppel unter 60 mm bis zu 4 m Länge verarbeitet werden. Unter 45 □ wählt man meistens fertig gewalztes Stabeisen.

Der Schmied muß darüber unterrichtet sein, welchen Einfluß die Herstellung und die Weiterverarbeitung auf die Eigenschaften des von ihm gewählten Werkstoffes hat. Es läßt sich daher nicht umgehen, auf die Vorgänge beim Erschmelzen, Vergießen und Erstarren des Stahls kurz einzugehen.

11. Wesen des Stahls[1]. Betrachten wir zunächst einmal eine durchgebrochene Stahlstange, so erkennt man schon mit bloßem Auge, daß in der Bruchfläche größere und kleinere Metallkörner nebeneinander liegen, die dem Bruch ein kennzeichnendes Aussehen geben. Um die Entstehung dieser Körner zu verstehen, ist es notwendig, die bei der Stahlerzeugung sich abspielenden Vorgänge zu betrachten:

Der in der Schmiede verarbeitete Stahl ist kein reines Metall, sondern eine Legierung des Eisens mit anderen Elementen, die entweder der flüssigen Schmelze mit Absicht beigegeben werden, oder deren Vorhandensein durch die Herstellungsverfahren bedingt ist. Zu jenen gehören: Kohlenstoff, Mangan, Silizium, Nickel, Chrom, Wolfran, Vanadin, Kupfer, zu diesen unerwünschten: Phosphor, Schwefel, Arsen und Gase.

Den größten Einfluß auf die Eigenschaften des Eisens übt der Kohlenstoff aus, dessen gewichtsmäßiger Mengenanteil für die Einteilung des Eisens ausschlaggebend gewesen ist.

Eisen mit mehr als 1,7% C wird als Roheisen im Hochofen gewonnen und entweder durch nochmaliges Umschmelzen als Gußeisen verwendet oder durch Frischen nach dem Thomas- oder Siemens-Martin-Verfahren in Stahl mit weniger als 1,7% C umgewandelt. Nur die Eisenlegierungen mit weniger als 1,7% C sind schmiedbar, d.h. besitzen die Fähigkeit, auf Grund ihrer Bildsamkeit bei höheren

[1] Vgl. Heft 64: Metallographie.

Temperaturen unter der Einwirkung von Schlag oder Druck (Walzen, Schmieden, Pressen) beliebige Formen anzunehmen.

Von der Menge des im Eisen enthaltenen Kohlenstoffs und der übrigen Nebenbestandteile werden die Eigenschaften des Stahles in erster Linie bestimmt. Neben der chemischen Zusammensetzung übt jedoch auch die Art der vorausgegangenen Herstellung beim Schmelzen, Gießen und Abkühlen sowie die Art der Verarbeitung Einfluß auf seine Eigenschaften aus, da hierdurch der Aufbau des Kleingefüges weitgehend bestimmt wird.

Wie alle Metalle, so ist auch Stahl im festen Zustande stets kristallinisch. Diese Kristalle bilden sich nach bestimmten Gesetzen beim Abkühlen der flüssigen Schmelze. Betrachten wir die Abkühlungs- und Erhitzungskurve eines reinen Eisens in Abb. 14, so erkennen wir, daß bei 1528° die Erstarrung beginnt, daß bei weiterer Abkühlung die Erstarrung nicht gleichmäßig vor sich geht, sondern an verschiedenen Punkten, so bei 1401°, bei 898° und 768° für eine gewisse Zeit aufgehalten wird. Diese sog. „Haltepunkte“ werden durch Umkristallisationen hervorgerufen, die sich im festen Zustande in den Metallen und ihren Legierungen abspielen. Da diese Umwandlungen für die Eigenschaften des erstarrten Metalls von Bedeutung sind, ist es auch für den Schmied erforderlich, die Temperaturen, bei denen sie sich abspielen, zu kennen, was allerdings deshalb nicht ganz einfach ist, weil sich ihre Höhe mit der Zusammensetzung des Stahls verändert. Für gewöhnlichen Maschinenbaustahl (Flußstahl unlegiert) sind die Umwandlungstemperaturen in Abhängigkeit vom Kohlenstoffgehalt in dem Zustandsschaubild Abb. 15 für den bereits erstarrten Stahl dargestellt. Die Linie GSE enthält die oberen Umwandlungspunkte, die Linie PSK die unteren, unterhalb derer keine Umwandlung mehr vor sich geht. (Näheres s. Heft 7, Härten und Vergüten des Stahles.)

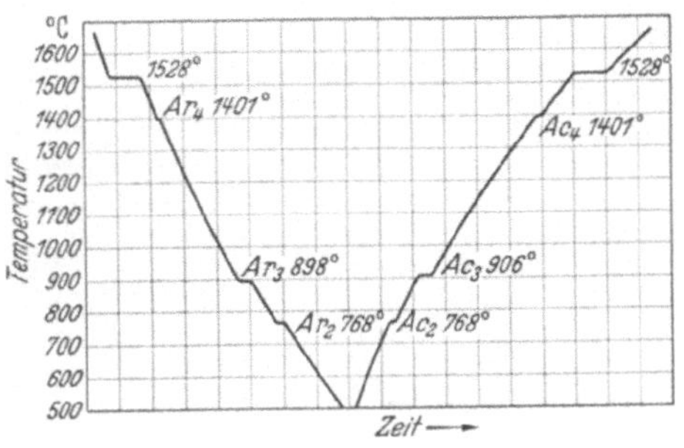

Abb. 14. Abkühlungs- und Erhitzungskurve von reinem Eisen (Wewer). *A* franz. arret = Anhalt, Halt; *r* franz. refroidissement = Abkühlung; *c* franz. chauffage = Erhitzung.

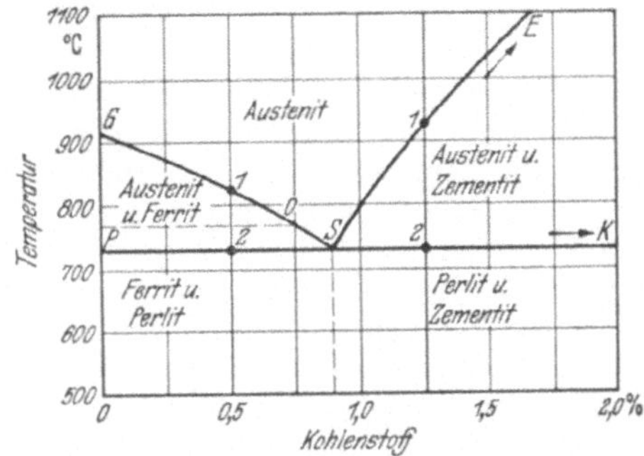

Abb. 15. Teilbild des Eisen-Kohlenstoff-Schaubildes.

Das Gefüge des schließlich nach den Umkristallisationen abgekühlten Stahls ist grob, um so mehr, je dicker der Block ist und je höher die Gießtemperatur. Diesem „Gußgefüge“ entsprechen geringe

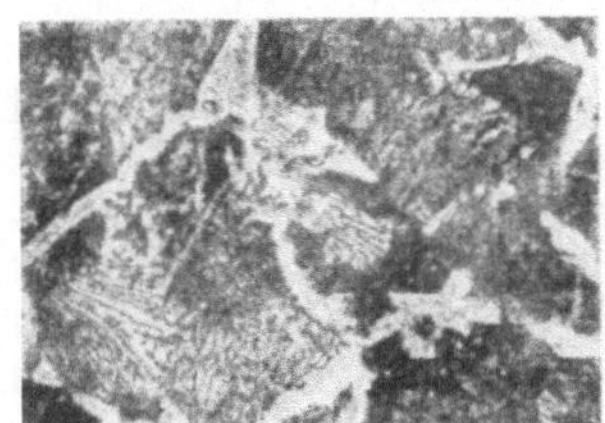

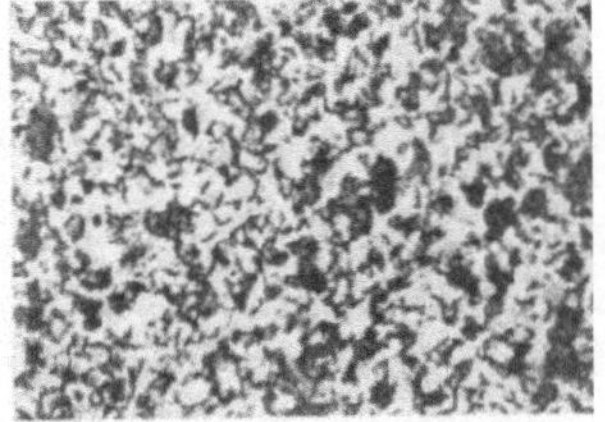

Abb. 16. Stahl. Links: Gußzustand, rechts: geschmiedet.

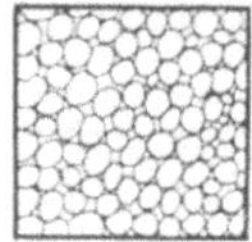
Abb. 17.

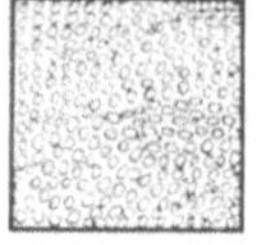
Abb. 18.

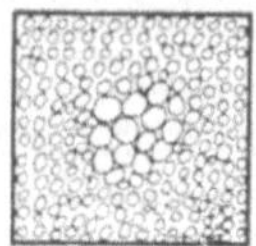
Abb. 19.

mechanische Eigenschaften des Stahles. Es ist die Aufgabe des Schmiedes neben der Formgebung, das Gefüge zu verfeinern. In welchem Maße das gelingt, zeigt die Abb. 16. Daß es aber auch darauf ankommt, mit richtig abgewogenen Schlägen zu schmieden, das sollen die Abb. 17—19 schematisch zeigen: Abb. 17 Gefüge im Block, Abb. 18 richtig geschmiedet, Abb. 19 mit zu leichten Schlägen oder mit zu schmalem Werkzeug geschmiedet.

12. Mängel des Stahlblocks. Neben den Gefügeumwandlungen gibt es noch eine Reihe von Vorgängen, die zu verhindern, bzw. deren Folgen zu beseitigen, vom Stahlerzeuger zwar angestrebt, doch niemals restlos erreicht werden kann. Es sind dies: 1. das Lunkern; 2. das Seigern; 3. die Gasblasen; 4. die nichtmetallischen Einschlüsse.

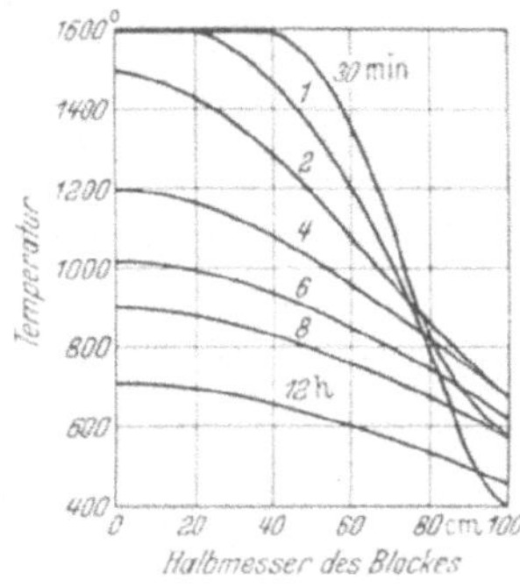

Abb. 20. Wärmeverlauf beim Abkühlen eines schweren Stahlblocks.

Bekanntlich wird der im Stahlwerk erschmolzene Stahl in eiserne Formen, sog. Kokillen, vergossen. Die damit geschaffenen Abkühlungsbedingungen beeinflussen die Erstarrung recht beträchtlich, worin die oben erwähnten Erscheinungen begründet sind. Betrachtet man den in Abb. 20 wiedergegebenen Wärmeverlauf in einem gegossenen Stahlblock (der in diesem Falle mit besonders großem Durchmesser gewählt wurde), so erkennt man die großen Temperaturunterschiede zwischen Rand und Mitte. Während nach 30 Min. der Kern noch vollständig flüssig ist, ist die Temperatur am äußersten Rande bereits auf 600° gefallen. Im weiteren Verlauf gleichen die Temperaturen sich zwar aus, jedoch dauert das geraume Zeit. Bei kleinerem Blockdurchmesser muß man sich Abb. 20 in der Querrichtung zusammengeschrumpft denken. Da die Erstarrung mit erheblichen Volumveränderungen verbunden ist, wird es verständlich, daß in einem erstarrenden Blocke sich sowohl *Risse* als auch Hohlräume, sog. *Lunker*, ausbilden können. Je nach dem Gießverfahren finden sich die Lunker nur im obersten Blockdrittel oder ziehen sich durch den ganzen Block (Abb. 21). Im ersten Fall erhält der Schmied lunkerfreie Schmiedestücke, wenn er mindestens ein Viertel des Blockes am Kopfteil abschrotet, im anderen Fall werden die Schmiedestücke im Innern immer Hohlräume haben. Besonders gefährlich werden die Lunker dann, wenn sie durch das Schmieden — wie das bei ungeeigneter Wahl des Rohblockes vorkommen kann — an die Oberfläche gearbeitet werden.

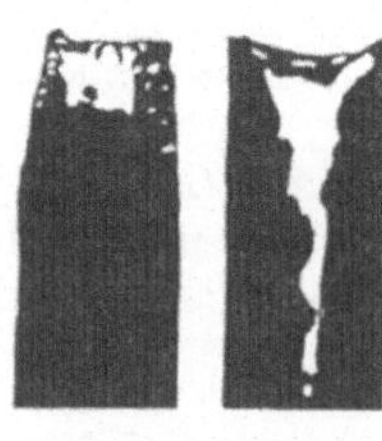
Abb. 21. Lunkerform.

Eine weitere Folge der ungleichmäßigen Erstarrung sind die *Seigerungen* die durch Entmischungen der verschiedenen Begleitelemente, zumal *P* und *S*, vor und während des Erstarrungsvorganges entstehen, infolge des verschiedenen Lösungsvermögens des Eisens für die Beimengungen. Der zuletzt flüssig bleibende Teil reichert sich an Kohlenstoff, Phosphor und Schwefel an, so daß nach der Erstarrung Unterschiede zwischen Fuß und Kopf, Schale und Kern eines Blockes vorhanden sind. Mit diesen Seigerungserscheinungen muß man immer rechnen, besonders bei großen oder sehr heiß vergossenen Blöcken.

Die *Gasblasen* lassen sich ebenfalls nicht gänzlich verhindern. Das geschmolzene Eisen vermag eine große Menge Gase zu lösen, die beim Erkalten frei werden und an die Oberfläche steigen wollen. Ist der Stahl jedoch schon zu zähflüssig oder die äußere Schale schon erstarrt, so werden sie im Blockkörper zurückgehalten und verteilen sich auf die mannigfaltigste Weise (Abb. 22). Wenn die Oberflächen dieser Gasblasen metallisch rein sind, besteht die Möglichkeit, daß sie bei der späteren Verarbeitung verschweißen und nicht schaden. Nichtverschweißte Gasblasen geben sich meist als feine Haarrisse zu erkennen.

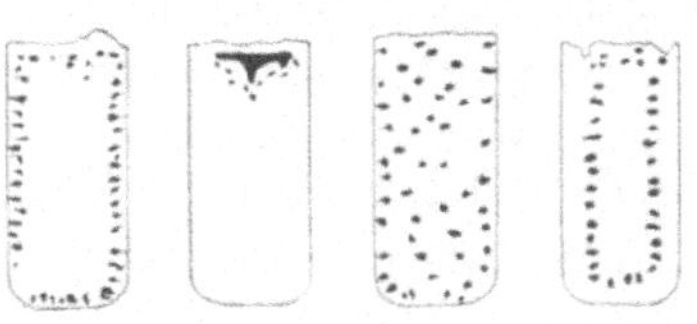

Abb. 22. Verteilung der Gasblasen in erstarrten Stahlblöcken.

Weit unangenehmer sind die *nichtmetallischen Einschlüsse.* Hierunter versteht man Fremdkörper nichtmetallischer Art, die entweder von der Schlacke und der Auskleidung der Öfen, Pfannen und Gießgestelle herkommen oder sich als Rückstände beim Schmelzen bilden, beim Vergießen ins Metallbad gewirbelt werden und beim Erstarren mechanisch eingeschlossen bleiben. Diese Einschlüsse stören den Werkstoffzusammenhang, nehmen zudem nicht an den Formänderungsvorgängen teil, sondern verbleiben in ihrer ursprünglichen Form im Metall. Durch starkes Verschmieden können sie sich zu Reihen anordnen, dem sog. Zeilengefüge, und dann die Ursache dafür werden, daß die Gütewerte für die Dehnung, Einschnürung und Kerbzähigkeit quer zur Streckrichtung kleiner sind als längs, um so mehr, je stärker der Verschmiedegrad ist. Infolge ihrer abweichenden Wärmeausdehnung können die nichtmetallischen Einschlüsse auch Ursache zu Spannungen und Rissen bilden.

13. Einfluß der Zusammensetzung. Von den Stoffen, die absichtlich zugefügt werden, um die vom Konstrukteur für seine Berechnungen angenommenen mechanischen Gütewerte zu erzielen, ist der Kohlenstoff der wichtigste. Er kommt in Mengen von 0,5 ··· 1,5% vor. Es wurde schon darauf hingewiesen, daß Eisensorten mit über 1,7% Kohlenstoff nicht mehr schmiedbar sind, woraus hervorgeht, daß mit steigendem Kohlenstoffgehalt die Warmbildsamkeit abnimmt. Harte Stähle, das sind solche mit höheren Kohlenstoffgehalten, sind daher schwieriger zu verschmieden als weiche Stähle mit geringen Kohlenstoffgehalten. Mit der Härte steigt auch die Festigkeit, während die Dehnung abnimmt.

Neben dem Kohlenstoff findet sich in den Stählen stets eine bestimmte Menge Mangan, Silizium, Phosphor, Schwefel und Kupfer, in selteneren Fällen Arsen, Zinn. Mangan beeinflußt die Schmiedbarkeit in Gehalten von 0,25 ··· 1,00% nur wenig. Höhere Anteile machen den Stahl hart und bedingen einen größeren Kraftaufwand. Die Hauptaufgabe des Mangans besteht darin, den durch die Erze und Zuschläge in den Stahl kommenden Schwefel zu binden und unschädlich zu machen. Schwefel ist neben dem Phosphor der schädlichste Eisenbegleiter, da bei hohen Schwefelgehalten der Stahl rotbrüchig wird, wohingegen Phosphor, wie auch Arsen und Zinn, Kaltbrüchigkeit hervorrufen.

In neuerer Zeit wird auch dem Einfluß der im Stahl enthaltenen Gase besondere Aufmerksamkeit geschenkt. Vor allem Sauerstoff und Stickstoff werden nach Möglichkeit aus dem Stahl entfernt, da sie zwar weniger die Schmiedbarkeit, dafür aber die Härtbarkeit und Zähigkeit merklich beeinflussen.

B. Das Schmieden als Wärmebehandlung.

Neben der Formgebung erfüllt das Schmieden meist noch die bedeutungsvolle Aufgabe einer die Eigenschaften verbessernden Wärmebehandlung. Denn die chemische Zusammensetzung allein kann keineswegs bestimmte Eigenschaften verbürgern, sondern der Gefügezustand, vor allem bezüglich der Gleichmäßigkeit und Feinheit, spielt eine wesentliche Rolle mit. Diese Doppelwirkung muß der Schmied geschickt ausnutzen, um ein gutes Erzeugnis zu erhalten.

Es ist daher zu verstehen, wenn in einer derart verwickelten Behandlung zahlreiche Fehlerquellen stecken, die der Schmied kennen und vermeiden muß. Als solche sind anzusehen: 1. Anwärmfehler, 2. Schmiedefehler, 3. Abkühlfehler.

14. Anwärmfehler. Zur Verhütung von Anwärmfehlern sind gute Öfen[1] Vorbedingung. Die Hitze muß im Ofen gleichmäßig sein, da sonst das Werkstück ungleichmäßig erwärmt wird und die Schmiedearbeit beträchtliche Schwankungen der Eigenschaften und nicht zuletzt Spannungen hervorrufen kann, die das Stück unbrauchbar machen. Ebenso wichtig ist die Innehaltung der erforderlichen Temperatur, die sich nach der Zusammensetzung richtet, und weiter das Einhalten der erforderlichen Anwärmzeit. Einige Angaben über die höchst zulässigen Schmiedetemperaturen sind in der Tabelle 2 zusammengestellt.

Tabelle 2. *Schmiedetemperaturen.*

Werkstoff		Höchst zulässige Schmiedetemperatur °
Kohlenstoffstahl	1,50% C	1050
	1,10	1080
	0,90	1120
	0,70	1170
	0,50	1250
	0,40	1270
	0,30	1290
	0,20	1320
	0,10	1350
3% Nickelstahl		1250
Chromnickelstahl		1250
Chromvanadiumstahl . . .		1250
Rostfreier Stahl		1280
30% Nickelstahl		1100

Die Wärme braucht Zeit, um bis in den Kern vorzudringen und das Stück gleichmäßig zu durchziehen. Die Gefahr der ungleichen Durchwärmung von Rand und Kern liegt besonders dann vor, wenn der Ofen zu heiß geht, ganz abgesehen davon, daß zu heißer Gang des Ofens das Zundern verstärkt, besonders wenn dazu mit oxydierender Ofenatmosphäre gearbeitet wird. Das Entkohlen der Oberfläche ist eine Folgeerscheinung, deren Auswirkung vielfach unterschätzt wird.

Die Ursachen für die Wirkung falscher Anwärmung liegen in den früher (S. 13) erwähnten Vorgängen, die sich beim Erhitzen und Abkühlen des Stahls abspielen: Umwandlungen der Bestandsform des Eisens (γ-Eisen in α-Eisen), begleitet von einer Neubildung des Kristallkorns bei dieser Temperatur und das Wachsen dieser Körner bei Wärmegraden, die oberhalb dieser Temperatur liegen. Da mit dem feinsten Korn die beste Vereinigung der mechanischen Eigenschaften verknüpft ist, wird angestrebt, das Schmieden kurz oberhalb dieser Temperatur zu beenden. Hinzukommt, daß durch die Schmiedeschläge ein ungestörtes Wachsen der Kristallkörner behindert und das Gefüge verfeinert wird. Ein Beenden des Schmiedens bei Wärmegraden, die weit oberhalb der kritischen Temperatur liegen, würde den Körnern Gelegenheit geben, sich „einzuformen", aus mehreren kleinen ein großes Korn zu bilden. Da jedem Schmied die Folgen groben Korns bekannt sind, wird er die Anwärmtemperatur seines Werkstückes mit der für das Schmieden benötigten Zeit in Einklang bringen und auf diese Weise die besten mechanischen Eigenschaften seines Schmiedestückes sicherstellen.

15. Schmiedefehler treten besonders äußerlich in Erscheinung. Es sind: 1. Falten, 2. Risse, 3. Schuppen und Grate, 4. Fehler, die durch falsch gewählte Querschnittsabnahme oder ungeeignetes Schmiedewerkzeug hervorgerufen werden.

[1] Näheres s. Freiformschmieden, 3. Teil, Heft 56.

Die Ursachen für diese Erscheinungen greifen ineinander, so daß von diesen Fehlern meist mehrere gleichzeitig auftreten. Falten, Schuppen und Risse entstehen vielfach durch falsche Bearbeitung; während durch zu starkes Erwärmen die Oberfläche entkohlt und der Stahl überhitzt oder gar verbrannt und dadurch unbrauchbar wird. Risse können verursacht sein durch im Block oder Knüppel vorhandene Blasen, die an die Oberfläche gedrückt werden und im Laufe des Schmiedens aufplatzen. Schuppen sind durch starken Zunder oder unreine Hammerbahn veranlaßt. Schwerwiegender sind die Fehler, die mit zu großer Querschnittsverminderung bei einem Schlag oder ungeeignetem Werkzeug zusammenhängen, da das Schmiedestück im Innern aufreißt oder in seinen Fasern verquetscht wird.

16. Abkühlfehler. Selbst nach einer mit aller Sorgfalt durchgeführten Schmiedebehandlung bedarf das Schmiedestück weiterer Wartung und sorgfältiger Behandlung beim Abkühlen. Langsames Erkalten an einem zugfreien Orte oder in mit Asche gefüllten Kühlkisten schützt besonders bei legierten Stählen vor überraschend auftretenden Rissen und Spannungen. Der Schmied soll sich stets vor Augen halten, daß sich sein Werkstück in einem Zwangszustand befindet, aus dem es sich befreien und zum Gleichgewicht kommen will.

C. Wärmebehandlung.

Es liegt in der Natur der Freiformschmiedearbeit, wenn die fertiggeschmiedeten Werkstücke noch nicht die Eigenschaften aufweisen, die der Besteller verlangt oder die dem Stahl seiner Zusammensetzung nach bei bester Gefügebeschaffenheit innewohnen. Die hohen Anforderungen jedoch, die heute an jede Maschine und jeden Teil einer Konstruktion gestellt werden, machen es notwendig, auch die durch Schmieden hergestellten Teile in ihren bestmöglichen Zustand zu bringen. Große Stücke — besonders mit sehr verschiedenen Querschnitten — können indessen nicht so gleichmäßig geschmiedet werden, daß die innerhalb bestimmter Grenzen geforderten Eigenschaften in allen Querschnitten mit Sicherheit gewährleistet werden können. Dies gilt vor allem für legierte Stähle, deren Eigenschaften in besonders hohem Grade von der Gefügebeschaffenheit beeinflußt werden. Um diesen und vielen anderen Schmiedestücken neben der verlangten Festigkeit gute Dehnung und Zähigkeit zu geben, müssen sie nachbehandelt werden, und der Schmied muß diese Behandlung, vor allem das Glühen und Vergüten, kennen und anzuwenden verstehen, wenn er hochwertige Schmiedestücke abliefern will.

17. Das Glühen. Die auch heute noch sehr verbreitete Behandlung der fertigen Schmiedestücke durch einfaches Abkühlenlassen an einem zugfreien Platz der Schmiede sollte aus der Schmiedetechnik vollkommen verschwinden, da ein auf diese Weise abgekühltes Stück nicht nur ein sehr ungleichmäßiges Gefüge und als Folge davon stark schwankende Festigkeits-Gütewerte aufweist, sondern auch, was wesentlicher ist, Spannungen behält, die sich beim nachfolgenden Bearbeiten oder gar während des späteren Betriebes der Maschine recht unliebsam auswirken können.

Um diese fehlerhaften Folgeerscheinungen wirksam zu beheben, lassen sich mehrere Glühbehandlungen anwenden:

1. Das Glühen zum Entfernen von Spannungen;
2. Das Glühen zur Erzielung des weichsten Zustandes des Stahls;
3. Das Glühen zum Zwecke der Neubildung des Gefüges;
4. Das Normalisieren.

Um die Unterschiede dieser vier Glühbehandlungen verständlich erläutern zu können, benutzen wir das Schaubild Abb. 15.

18. Glühverfahren 1. Zur Entfernung der Spannungen muß das Schmiedestück so weit erhitzt werden, daß die Elastizitätsgrenze des Stahls zu so niedrigen Werten herabsinkt, daß die vorhandenen Spannungen diese überwinden und sich ausgleichen können. Um dieses zu erreichen, genügt ein vollständiges Durchwärmen der Schmiedestücke bei 550···650°, je nach Zusammensetzung des Stahls. Bei härteren Stählen sind die höher gelegenen Temperaturen zwischen 600 und 650°, bei weicheren die Temperaturen zwischen 550 und 600° anzuwenden. Besonders sorgfältig muß auf Gleichmäßigkeit beim Durchwärmen und Abkühlen geachtet werden.

Dieses entspannende Glühen kann entweder in einem besonderen Ofen oder, wo ein solcher nicht zur Verfügung steht, nach beendeter Schmiedearbeit in dem Schmiedeofen, der auf entsprechende Temperatur gebracht ist, vorgenommen werden, wobei dann im Ofen selbst oder in mit feiner Asche oder Kalk gefüllten Ausgleichsgruben abgekühlt werden kann. Das langsame Abkühlen ist besonders wichtig, damit nicht wieder neue Spannungen in dem Schmiedestück entstehen und verbleiben. Da die Temperaturen für dieses Glühen unterhalb der unteren Umwandlungskurve (*P S K* Abb. 15) liegen, so findet keine Neubildung des Gefüges und damit auch keine nennenswerte Änderung der mechanischen Gütewerte statt.

19. Glühverfahren 2 bis 4. Weist ein Schmiedestück grobes Korn oder ungleichmäßiges Gefüge auf, sei es infolge unterschiedlichen oder mehrmaligen Anwärmens, sei es infolge verschieden starken Verschmiedens einzelner Querschnitte, so muß an die Stelle des oben erläuterten entspannenden Glühens eins der unter 2···4 genannten Behandlungsverfahren treten. Durch genügend langsames Abkühlenlassen wird dann gleichzeitig mit entspannt.

Da in den weitaus meisten Fällen zur Verbesserung der Eigenschaften geglüht wird, ist vor der Wahl der Behandlung Klarheit darüber zu schaffen, welche Eigenschaften verbessert werden sollen. Zwei Gesichtspunkte sind hierbei ausschlaggebend zu beachten. Einmal die Forderung der Werkstatt nach leichter und billiger Bearbeitungsmöglichkeit, zum anderen die Forderung des Konstrukteurs nach Innehaltung der seiner Berechnung zugrunde gelegten Gütewerte. Gegebenenfalls ist dasjenige Verfahren zu wählen, das beiden Forderungen am ehesten gerecht wird. Der Forderung nach leichter Bearbeitbarkeit kann das *Glühverfahren* 2 Genüge leisten, während Eigenschaftsänderungen mit den *Verfahren* 3 und 4

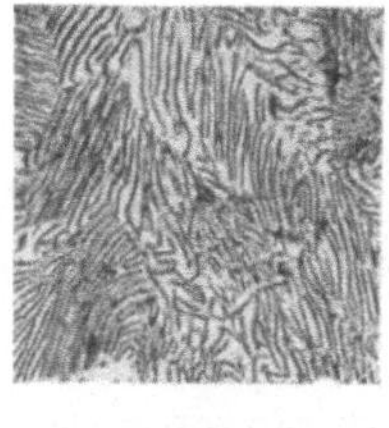

× 250

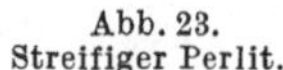

Abb. 23. Streifiger Perlit.

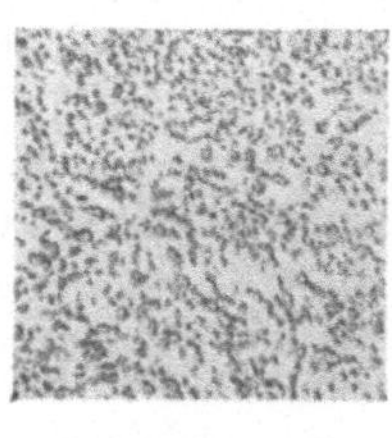

× 250

Abb. 24. Körniger Zementit.

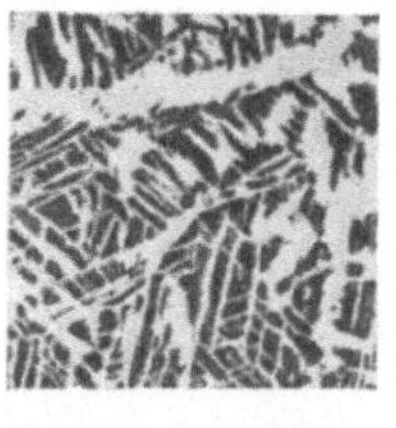

× 250

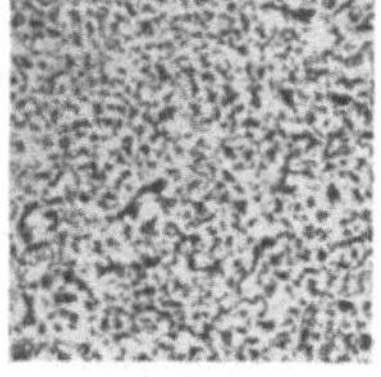

× 250

Abb. 25 u. 26. Überhitzter Stahl mit 0,3% C bei 650° geglüht (Abb. 25) und bei 850° geglüht (Abb. 26).

am sichersten erreicht werden. Wie die Abb. 23 bis 26 zeigen sollen, gibt es für einen Stahl bestimmter Zusammensetzung mehrere Gefügeformen, nach denen sich die einzelnen Kristallkörner ausbilden. So zeigt Abb. 23 die Verbindung des Eisens mit dem Eisenkarbid Fe_3C, dem sog. Zementit, in der streifigen (lamellaren) Form: das elementare reine Eisen bildet mit dem Zementit in feinster Schichtung gelagerte Kristallkörner, den sog. Perlit, der eine hohe Festigkeit und wegen der abwechselnden harten und weichen Lamellen (Streifen) gute Dehnbarkeit und Zähigkeit besitzt. In dieser Form findet sich der Kohlenstoff zumeist nach dem Schmieden, allerdings mit einem beträchtlichen Größenunterschiede der einzelnen Körner. Wird jedoch eine für die Bearbeitung in der Werkstatt erwünschte Weichheit verlangt, so müssen die langgestreckten harten und spröden Zementitlamellen zerstört und in eine geeignetere Form gebracht werden, als welche die Kugelform sich erwiesen hat, wie sie in der Abb. 24 zu erkennen ist. Dieses Gefüge, „körniger Zementit", wird nach dem *Glühverfahren* 2 erhalten, wenn die Werkstücke genügend lange auf 700 bis 720° erwärmt werden und nachher sehr langsam abkühlen. Das körnige Gefüge wird indessen am sichersten erreicht durch Pendelnlassen der Ofenwärme um die Temperatur der Perlitumwandlung, d. h. zwischen 680 und 720°, und nachfolgendes langsames Erkalten. Durch die langsame Abkühlung ist das entspannende Glühen zwangsläufig mit diesem Verfahren verbunden.

Wie schon oben erwähnt, läßt sich beim praktischen Schmieden nicht vermeiden, daß die Schmiedestücke ungleichmäßig erwärmt werden, wodurch teils grob-, teils feinkörniges Gefüge in dem Werkstück verbleibt. Zur Behebung dieser nachteiligen Erscheinung dienen die *Glühverfahren* 3 und 4, bei denen eine vollständige Umkristallisation, d. h. Neubildung des Gefüges angestrebt wird. Bezüglich der Wärmegrade des eigentlichen Glühvorgangs stimmen die beiden Verfahren überein, sie unterscheiden sich lediglich durch die Abkühlung der geglühten Teile. Verfahren 3 wird durch sehr langsame, Verfahren 4 dagegen durch eine schnellere Abkühlung gekennzeichnet. Die Temperaturen, auf welche die Werkstücke bei diesen Glühverfahren zur Neubildung des Gefüges erhitzt werden müssen, werden bedingt durch die chemische Zusammensetzung und sind durch die Linie *G O S* des Schaubildes Abb. 15 festgelegt. Sie bewegen sich zwischen 950 und 750° je nach chemischer Zusammensetzung. Das vollkommenste Glühverfahren stellt das *Verfahren* 3 dar, weil sowohl die Neubildung des Gefüges mit feinstem Korn als auch durch genügend langsame Abkühlung der weichste Zustand und zugleich die Entfernung der Spannungen erzielt werden können, demnach bei sachgemäßer Anwendung drei der oben angeführten Verfahren sich darin vereinigen lassen. Durch das normalisierende *Glühverfahren* 4 lassen sich zwar gute Festigkeitseigenschaften, vor allem beste Streckgrenze erreichen, jedoch besteht wegen der schnellen Abkühlung die große Gefahr, daß Spannungen zurückbleiben, die nachträglich durch ein Glühen nach Verfahren 1 ausgeglichen werden müßten. Als Beispiel für die Wirkung des Glühens nach Verfahren 3 und 4 mögen die in Abb. 25 und 26 wiedergegebenen Gefügebilder eines Stahls mit 0,3% C dienen. Abb. 25 zeigt den Stahl in dem durch das Erwärmen zum Schmieden überhitzten Zustande. Trotz des Glühens bei 650°, bei dem wohl die Spannungen entfernt werden, ist das grobe Korn erhalten geblieben, das erst durch ein Glühen nach Verfahren 3 oder 4, wie in diesem Falle durch Erhitzen auf 850°, in das feine Gefüge der Abb. 26 umgewandelt worden ist.

20. Das Vergüten. Wie aus dem Vorhergesagten hervorgeht, bieten schon die verschiedenen Glühverfahren mannigfache Möglichkeiten, den Gefügezustand und damit die Eigenschaften der zu den Schmiedestücken verarbeiteten Stähle innerhalb bestimmter Grenzen zu verändern und zu verbessern. Besondere Bedeutung kommt jedoch der Warmbehandlung durch das Vergüten zu. Unter Vergüten eines Stahls ist die Veränderung der Eigenschaften durch ein Härten mit nachfolgendem Anlassen auf Temperaturen zwischen 400 und 700° zu verstehen. Diese Warmbehandlung hat für alle Stähle eine so große Bedeutung erlangt, weil die Eigenschaften durch das Vergüten in den weitesten Grenzen verändert werden können

Tabelle 3. *Eigenschaften*

Stahl Art	Markenbezeichnung			Festigkeitseigenschaften				
	Gültig	Früher	Veraltet	HB 30 kg/mm²	Streckgr. kg/mm² mind.	Zugfestigkeit kg/mm²	Bruchdehnung l = 5 d % mind.	Einschnürung % mind.
Handelsstähle A DIN 1611	St 00.11			Der Stahl darf weder kalt- noch rotbrüchig sein, d. h. die Proben bei einer Abrundung gleich der doppelten Probendicke. Zahlen-				
	St 37.11			100/130	—	37/45	25	
Maschinenbaustähle B DIN 1611	St 34.11			95/120	19	34/42	30	
	St 42.11			115/145	23	42/50	25	
	St 50.11			140/170	27	50/60	22	
	St 60.11			165/200	30	60/70	17	
	St 70.11			195/245	35	70/85	12	
Einsatzstähle DIN 17 210	C 10		StC 10.61	130	25	42/52	19	50
	C 15	C 15	StC 16.61	140	30	50/65	16	45
	15 Cr 3	15 Cr 3	EC 60	187	40	60/85	13	45
	16 MnCr 5	16 MnCr 5	EC 80	207	60	80/110	10	40
	20 MnCr 5	20 MnCr 5	EC 100	179/217	70	100/130	8	35
	15 CrNi 6			179/217	65	90/120	9	40
	18 CrNi 8			235	80	120/145	7	35
	41 Cr 4			217	130	155/180	7	30
Vergütungsstähle DIN 17 200	C 22	C 22	StC 25.61	155	30[1]	50/60	22	45
	C 35	C 35	StC 35.61	172	37	60/72	18	40
	C 45	C 45	StC 45.61	206	40	65/80	16	35
	C 60	C 60	StC 60.61	243	49	75/90	14	30
	40 Mn 4			217	55	80/95	14	45
	30 Mn 5	32 Mn 5	VM 125	217	55	80/95	14	45
	37 MnSi 5	32 MnSi 5	VMS 135	217	65	90/105	12	40
	42 MnV 7	42 MnV 7		217	80	100/120	11	35
	34 Cr 4		VC 135	217	65	90/105	12	45
	41 Cr 4			217	65	90/105	12	45
	25 CrMo 4	VCMo 125		217	55	80/95	14	55
	34 CrMo 4	VCMo 135		217	65	90/105	12	50
	42 CrMo 4	VCMo 140		217	80	100/120	11	45
	50 CrMo 4			235	90	110/130	10	40
	30 CrMoV 9			248	105	125/145	9	35
	36 CrNiMo 4			217	80	100/120	11	50
	34 CrNiMo 6			235	90	110/130	10	45
	30 CrNiMo 8			248	105	125/145	9	40
	27 MnCrV 4			217	55	80/95	14	55
	35 Cr 6			217	65	90/105	12	50
	42 CrV 6			217	80	100/120	11	45
	50 CrV 4		VC 150	235	90	110/130	10	40

[1] Die angegebenen Werte beziehen sich auf Querschnitte von 16—40 mm ∅.

* Zu den in dieser Tabelle genannten DIN-Blättern wird bemerkt: Maßgebend ist die neueste Auflage des betr. Normblattes, die vom Beuth-Vertrieb, Berlin W 15 oder Köln, zu beziehen ist.

und für jeden Verwendungszweck geeignete und jedweder Beanspruchung angepaßte Vereinigungen der verschiedenen Eigenschaften zu erzielen sind.

So können z. B. die Werte für den genormten Stahl C 35 durch Vergüten verändert werden[1]:

für die Festigkeit zwischen 85 und 60 kg/mm²;
für die Streckgrenze zwischen 64 und 48 kg/mm²;
für die Dehnung zwischen 10 und 19%;
für die Einschnürung zwischen 33 und 65%.

[1] Nähere Angaben s. Heft 7: Härten und Vergüten des Stahles. — Ferner: Dr.-Ing. F. W. Duesing: Unterlagen für die Wärmebehandlung handelsüblicher Konstruktionsstähle. Mitt. Kais.-Wilh.-Inst. Eisenforschg., Düsseldorf., Bd. VI.

der genormten Stähle.*

Chemische Zusammensetzung									
C	Si	Mn	P	S	Cr	Mo	V	Ni	
müssen sich im warmen und kalten Zustande bis zum rechten Winkel biegen lassen mäßiger P- u. S-gehalt nicht gewährleistet.									
0.12	Übliche Thomas- oder SM-Güte. Schweißt nicht immer gut und zuverlässig.								
0.12			max 0.06 $(P + S) < 0.10$	max 0.06					Einsetzbar, Feuerschweißbar.
0.25			„	„					Noch einsetzbar, wenn Kern hart sein darf. Schwerfeuerschweißbar.
0.35			„	„					Nicht für Einsatzhärtung bestimmt. Kaum feuerschweißbar, wenig härtbar.
0.45									Härtbar, vergütungsfähig.
0.60									Hoch härtbar, vergütbar.
0.06/0.12	0.15/0.35	0.25/0.50	0.045	0.045					
0.12/0.18	0.15/0.35	0.25/0.50	0.045	0.045					
0.12/0.18	0.15/0.35	0.40/0.60	0.035	0.035	0.5/0.8				
0.14/0.19	0.15/0.35	1.0/1.3	0.035	0.035	0.8/1.1				
0.17/0.22	0.15/0.35	1.1/1.4	0.035	0.035	1.0/1.3				
0.12/0.17	0.15/0.35	0.4/0.6	0.035	0.035	1.4/1.7			1.4/1.7	
0.15/0.20	0.15/0.35	0.4/0.6	0.035	0.035	1.8/2.1			1.8/2.1	
0.38/0.44	0.15/0.35	0.5/0.8	0.035	0.035	0.9/1.2				
0.18/0.25	0.15/0.35	0.30/0.60	0.045	0.045					
0.32/0.40	0.15/0.35	0.40 0.70	0.045	0.045					
0.42/0.50	0.15/0.35	0.50 0.80	0.045	0.045					
0.57/0.65	0.15/0.35	0.50/0.80	0.045	0.045					
0.36/0.44	0.25/0.50	0.80/1.1	0.035	0.035					
0.27/0.34	0.15/0.35	1.2/1.5	0.035	0.035					
0.33/0.41	1.1 /1.4	1.1/1.4	0.035	0.035					
0.38/0.45	0.15/0.35	1.6/1.9	0.035	0.035					
0.30/0.37	0.15/0.35	0.5/0.8	0.035	0.035	0.9/1.2				
0.38/0.44	0.15/0.35	0.5/0.8	0.035	0.035	0.9/1.2				
0.22/0.29	0.15/0.35	0.5/0.8	0.035	0.035	0.9/1.2	0.15/0.25			
0.3 /0.37	0.15/0.35	0.5/0.8	0.035	0.035	0.9/1.2	0.15/0.25			
0.38/0.45	0.15/0.35	0.5/0.8	0.035	0.035	0.9/1.2	0.15/0.25			
0.46/0.54	0.15/0.35	0.5/0.8	0.035	0.035	0.9/1.2	0.15/0.25			
0.26/0.34	0.15/0.35	0.4/0.7	0.035	0.035	2.3/2.7	0.15/0.25	0.10/0.20		
0.32/0.40	0.15/0.35	0.5/0.8	0.035	0.035	0.9/1.2	0.15/0.25		0.9/1.2	
0.30/0.38	0.15/0.35	0.4/0.7	0.035	0.035	1.4/1.7	0.15/0.25		1.4/1.7	
0.26/0.34	0.15/0.35	0.3/0.6	0.035	0.035	1.8/2.1	0.25/0.35		1.8/2.1	
0.24/0.30	0.15/0.35	1.0/1.3	0.035	0.035	0.6/0.9	—	0.07/0.12	—	
0.32/0.40	0.15/0.35	0.3/0.6	0.035	0.035	1.4/1.7	—	—	—	
0.38/0.46	0.15/0.35	0.5/0.8	0.035	0.035	1.4/1.7	—	0.07/0.12		
0.47/0.55	0.15/0.35	0.8/1.1	0.035	0.035	0.9/1.2	—	0.07/0.12		

Ausschlaggebend für die Behandlung durch Vergüten ist die Verbesserung der Streckgrenze, die besonders bei den legierten Stählen bis zu 90% an die Werte der Festigkeit herangebracht werden kann. Diese Veredlung der Werkstoffe hat ihre Ursache in der durch die Vergütbehandlung erreichbaren Verfeinerung des Kristallgefüges. Die Art der Behandlung bringt es mit sich, daß die harten und weichen Bestandteile, aus denen sich die Kristalle zusammensetzen, äußerst fein verteilt werden, wodurch die hohen Zähigkeitswerte entstehen. Außerdem wird durch das Vergüten auch der Stahl, besonders harter, gut bearbeitbar und gleichzeitig entspannt, so daß ein solches Vergüten allen denen empfohlen werden kann, die aus ihren Schmiedestücken das Beste herausholen wollen, was nach Art und Aufbau des Stahls zu erreichen ist. Gleichmäßige hohe Werte lassen sich aber

Tabelle 4. *Anweisung für Schmieden und Wärmebehandlung.* — Siehe die Anmerkung unter Tabelle 3.

A. Handelsstähle nach DIN 1611. Werden praktisch nicht geschmiedet oder wärmebehandelt.

B. Einsatzstähle.

Stahl	Schmieden		Normalglühen	Behandlung bei Einsatzhärtung								Anlassen 1 Std. °C
	Freiform	Gesenk		a) Einsetzen	b) Abkühlen	c) Härten		d) Zwischenglühen		e) Härten		
				°C	in	°C	in	bei °C	Abkühlen	von °C	in	
C 10	1200/950°	1250/950°	890/920	a) in Pulver 850/880° b) Salzbäder 900/930°	1a) Wasser (oder Öl) 1b) Salzbäder von 200/300° (max 15% Zyangehalt) 2) Einsatzkasten	890/920°	a) Wasser (oder Öl) b) Salzbad 200/300°	650/680°	im Ofen	770/800°	a) Wasser (oder Öl) b) Salzbad 180/200°	150/175°
C 15	1150/950°	1200/950°	890/920			890/920°		650/680°		770/800°		150/175°
15 Cr 3	1100/850°	1150/850°	870/900			850/880°		650/680°		770/800°		150/175°
16 MnCr 5	1100/850°	1150/900°	850/880	a) in Pulver 870/900° b) Salzbäder 900/930°		840/870°	a) Öl (oder Wasser) b) Salzbad 200/300	650/680°	im Ofen oder in Luft	810/840°	a) Öl (oder Wasser) b) Salzbad 180/250°	175/200°
20 MnCr 5	1100/850°	1150/900°	850/880			840/870°		650/680°		810/840°		175/200°
15 CrNi 6	1000/850°	1050/900°	850/880			840/870°		630/650°		800/830°		175/209°
18 CrNi 8	1000/850°	1050/900°	850/880			840/870°		630/650°		800/820°		175/200°
41 Cr 4	1050/850°	1100/900°	850/880	Nur Zyanbad 840/860°		780/810		—				180/200°

C. Vergütungsstähle.

Stahl	Schmieden		Weichglühen	Normalglühen	Härten		Vergüten	Zu verwenden für
	Freiform	Gesenk			Wasser	Öl	Anlassen	
St 34.11	1200/900	1250/950	—	900/930	900/950		500/600	Bauteile mit geringer Beanspruchung wie: Hebel, Zapfen, Schrauben, Bolzen, Naben, Gelenke, Buchsen, Futter, Spindeln
St 42.11	1150/900	1200/950	—	850/880	850/880		500/600	
St 50.11	1150/850	1200/900	—	830/860	830/860		500/600	
St 60.11	1100/850	1200/900	—	810/840	810/840	820/850	500/600	
St 70.11	1100/850	1200/900	—	780/810	790/820	800/820	500/600	
C 22	1100/850	1150/900	650/700	880/910	860/890	870/900	530/670	Je nach Festigkeit, gehärtet und vergütet für Teile des Maschinen-, Automobil- und Flugzeugbaues.
C 35	1100/850	1150/900	650/700	860/890	840/870	850/880	530/670	
C 45	1100/850	1150/900	650/700	840/870	820/850	830/860	530/670	
C 60	1050/850	1100/900	650/700	820/850	800/830	810/840	530/670	
40 Mn 4	1100/850	1150/900	650/700	850/880	820/850	830/860	530/670	
30 Mn 5	1100/850	1150/900	650/700	850/880	820/840	830/850	530/670	
37 MnSi 5	1050/850	1100/850	680/720	860/890	830/850	840/860	530/670	
42 MnV 7	1050/850	1100/850	640/680	860/890	840/860	850/870	530/670	
34 Cr 4	1050/850	1100/850	680/720	850/880	820/840	830/850	530/670	
41 Cr 4	1050/850	1100/850	680/720	850/880	820/840	830/850	530/670	

25 CrMo 4	1050/850	1100/900	680/720	860/890	830/850	840/860	530/670	Maschinen-Bauteile höherer Beanspruchung: Spindeln, Bolzen, Kurbel u. Nockenwellen, Laufzapfen, Wechsel u. Antriebsräder, Senkhobel, Achs-Schenkel, Naben, Propellerwellen
34 CrMo 4	1050/850	1100/900	680/720	850/880	820/840	830/850	530/670	
42 CrMo 4	1050/850	1100/900	680/720	850/880	820/840	830/850	530/670	
50 CrMo 4	1050/850	1100/900	680/720	850/880	820/840	830/850	530/670	
30 CrMoV 9	1050/850	1100/900	680/720	870/900	840/870	850/880	530/670	
36 CrNiMo 4	1050/850	1100/900	650/700	850/880	820/840	830/850	530/670	
34 CrNiMo 6	1050/850	1100/900	650/700	850/880	—	830/850	530/670	
30 CrNiMo 8	1050/850	1100/900	650/700	850/880	—	830/850	530/670	
27 MnCrV 4	1050/850	1100/900	680/720	860/890	850/870	860/880	530/670	
35 Cr 6	1050/850	1100/900	680/720	850/880	820/840	830/860	530/670	
42 CrV 6	1050/850	1100/900	680/720	850/880	(820/840)	830/860	530/670	Federn aller Art.
50 CrV 4	1050/850	1100/900	680/720	850/880	(820/840)	830/860	530/670	

auch durch Vergüten nur an Stücken mit überall gleichen Querschnitten erzielen. Verschieden dicke Querschnitte bedingen verschieden lange Abkühlungszeiten und dementsprechend unterschiedliche Gefügezustände und mechanische Gütewerte. Die Angaben oben (ebenso wie in anderen Fällen) beziehen sich auf Stücke geringen Querschnitts; mit steigenden Querschnitten nehmen Festigkeit und Streckgrenze ab, Einschnürung und Dehnung zu.

D. Einteilung der Stähle.

Die ältesten Bezeichnungen Schweißstahl, Puddelstahl, Flußstahl und Gußstahl sind mit der geschichtlichen Entwicklung der Stahlherstellung engstens verbunden. *Puddelstahl* ist der im teigigen Zustand im Puddelofen hergestellte Stahl, der heute nur noch von ganz wenigen Werken für besondere Verwendungszwecke hergestellt wird. *Schweißstahl* — durch Zusammenschweißen von im Puddelofen erstellten und durch Zementieren aufgekohlten Stahlstäben hergestellt — ist heute fast gänzlich verschwunden. *Flußstahl* ist der im flüssigen Zustande in der Bessemer- oder Thomasbirne oder im Siemens-Martin-Ofen in größeren Mengen hergestellte Stahl, während *Gußstahl* ein edleres Erzeugnis darstellt, das entweder durch Umschmelzen von Flußstahl oder durch Erschmelzen von sehr reinem Einsatz im Tiegel oder im Elektroofen erhalten wird. Heute besteht eine Berechtigung für die obigen Bezeichnungsweisen genau genommen nicht mehr. Daher kommt es auch, daß sich in neuerer Zeit Bezeichnungen, die vom Verwendungszweck ausgehen oder in der chemischen Zusammensetzung begründet sind, eingebürgert haben. So finden sich: „Werkzeugstähle" und „Maschinen- oder Baustähle" neben der Einteilung in „Kohlenstoffstähle" und „legierte Stähle", zu denen auch die „Schnell(arbeits)stähle" und die „nichtrostenden Stähle" gehören.

21. Kohlenstoffstähle. Bei den Kohlenstoffstählen ist es zweckmäßig, zu unterscheiden zwischen den Stählen mit *Flußstahl*charakter und denjenigen mit *Gußstahl*charakter, dadurch gekennzeichnet, daß die Flußstähle einen höheren Mangangehalt aufweisen als die Gußstähle, die einen höheren Gütegrad darstellen. Der Mangangehalt ist dort von ausschlaggebender Bedeutung, wo die Werkstücke nachträglich gehärtet werden. Werden an die Güte aus Gründen der Härtbarkeit und der Form der Stücke größere Anforderungen gestellt (hauptsächlich bei Werkzeugen), so empfiehlt es sich, die Stahlsorten mit Gußstahlcharakter zu bevorzugen, weil sie sorgfältiger hergestellt und reiner sind.

22. Legierte Stähle. Etwa um die Jahrhundertwende beginnt die Entwicklungsgeschichte der legierten Stähle, die heute in übergroßer Vielheit auf dem Markte zu finden sind. Diese starke Entwicklung ist darauf zurückzuführen daß die Kohlenstoffstähle nur in engen Grenzen Verbesserungsmöglichkeiten haben, so daß mit den steigenden Anforderungen an Festigkeit und Streckgrenze bei erhöhter Dehnung und Zähigkeit neue Werkstoffe gesucht werden mußten. Durch sorgfältige Forschungsarbeit gelang es, durch Hinzulegieren von anderen Metallen, vornehmlich Nickel, Chrom, Wolfram, Molybdän und Vanadium, Stähle herauszubringen, die sowohl im geschmiedeten und gewalzten als besonders im vergüteten Zustande Eigenschaften aufweisen, die mit reinen Kohlenstoffstählen nicht annähernd erreicht werden können. Maschinenteile (Bauteile) für hohe Anforderungen werden in steigendem Maße, besonders im Automobil- und Flugzeugbau, im Werkzeugmaschinenbau, im Kraftmaschinenbau bei hohen Geschwindigkeiten aus legierten Stählen hergestellt. Vornehmlich für *Handwerkzeuge* wie Zangen, Hämmer, Meißel, Feilen, Sägen, Messer usw. haben die Kohlenstoffstähle ihren Platz behauptet, während *Maschinenwerkzeuge*, wie Schneidstähle, Bohrer, Fräser usw. schon überwiegend aus legierten Stählen hergestellt werden, unter denen der Schnellstahl eine überragende Rolle spielt.

Die legierten Stähle werden meistens vergütet. Für die Festigkeitswerte, die dabei erhalten werden, ist jedoch, wie für jede Wärmebehandlung, nicht nur die Legierung maßgebend, sondern auch die Schwere bzw. Dicke des Stückes.

Von dem Schmied ist bei Verarbeitung aller legierten Stähle große Sorgfalt anzuwenden, da durch das Hinzulegieren zwar wertvolle Verbesserungen der Gütewerte erreicht werden, dafür aber eine größere Empfindlichkeit gegenüber der Warm- und der Schmiedebehandlung eingetauscht wird. Besonders müssen die legierten Stähle sehr vorsichtig abgekühlt werden, da sie mit steigender Menge der Legierungsbestandteile erheblich empfindlicher für Spannungen und Risse werden. Im Zweifelsfalle wird der Schmied den Rat des Stahlwerks oder des Werkstoffachmanns einholen müssen, um sich vor Fehlschlägen zu bewahren.

Die Tabellen 3 u. 4 (S. 20-22) geben die nach DIN genormten Kohlenstoff- und legierten Stähle und ihre Verarbeitungsmöglichkeiten wieder, die auch für die Schmiede maßgebend sind und in fast allen Fällen ausreichen dürften. Es liegt im Interesse jedes Einzelnen wie der Volkswirtschaft, wenn nur in besonderen Fällen, nach sachlicher Prüfung, ein anderer Stahl vorgeschrieben bzw. verwendet wird.

22a. Stähle für größere Schmiedestücke. Siehe Nachtrag 61.

III. Technologie des Schmiedens.

Bearbeitet von A. STODT.

A. Schub und Drang.

Abb. 27 zeigt einen quadratischen Stab (vorgewärmten Stahles) von der Dicke H und der Länge L zwischen Hammer und Amboß. Deren Bahnen seien ebenfalls quadratisch, so daß $B = H$ ist. Der Hammer trifft mit der Kraft P den Stab in der Mitte, wodurch die Dicke H des Stabes auf H_1 (Abb. 28) verringert und die Breite in der Mitte von B auf B_1 vergrößert wird. Durch die Stoffteile, die zwischen Hammer und Amboß in der Längsachse des Stabes herausgedrängt werden,

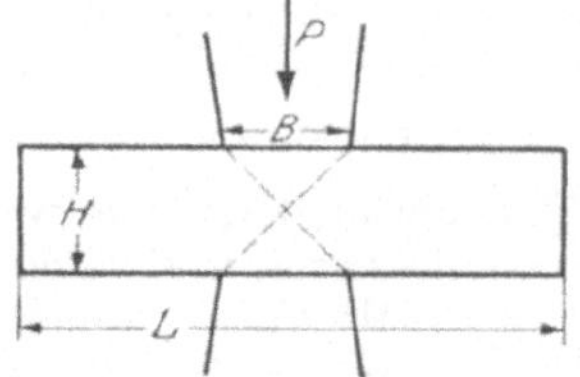

Abb. 27.

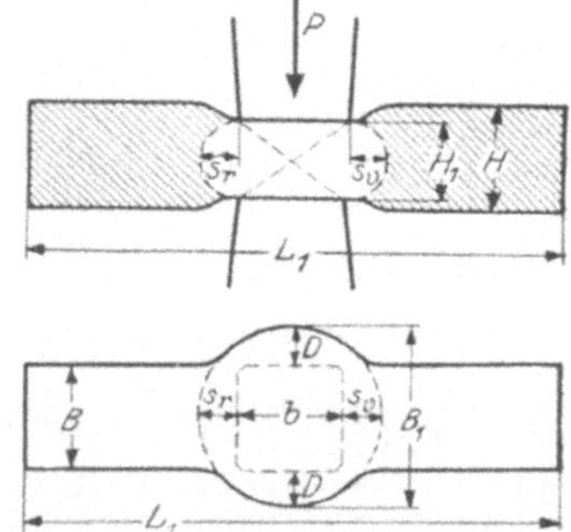

Abb. 28.

also s_r und s_v, verlängert sich der Stab von L auf L_1, und da in diesem Falle $s_r = s_v = s$ ist (es liegt durchaus kein Grund vor, etwas anderes anzunehmen), so ist: $L + s_r + s_v = L + 2s = L_1$. Die beiden Enden des Stabes sind durch diese Verdrängungen des Stoffes in der Mitte vorgeschoben worden, das eine Ende in der Schmiederichtung, d.h. die Richtung vom Schmied zum Hammer, um s_v, den *Vorschub*, das andere Ende *entgegengesetzt* zur Schmiederich-

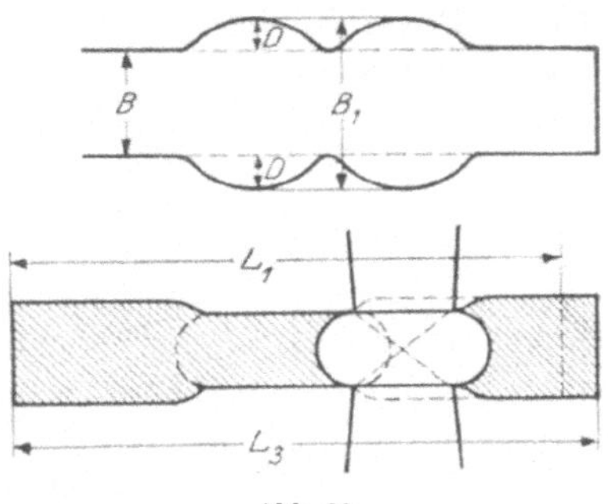

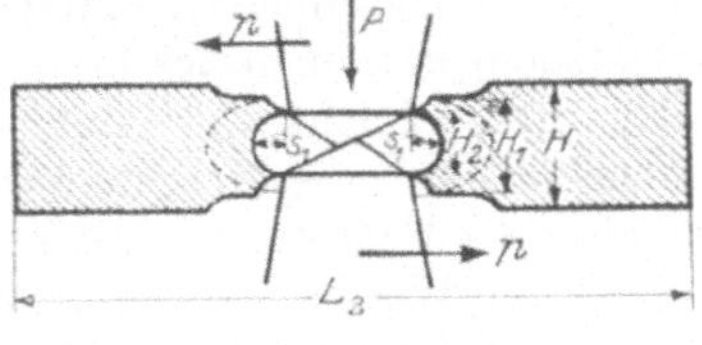

Abb. 29.

Abb. 30.

tung, d.h. vom Hammer zum Schmied, um s_r, den *Rückschub*. Die Stoffteile D, die quer zu diesen Richtungen zwischen Hammer und Amboß heraustreten, ergeben die Verbreiterung des Stabes von B auf B_1, so daß $B + 2D = B_1$. Die Größe D wollen wir den *Drang* nennen.

Gibt man einen zweiten Schlag auf dieselbe Stelle des Stabes (Abb. 29), so wird die Dicke des Stabes an dieser Stelle weiter verringert, von H_1 auf H_2, die Länge durch den Vor- und Rückschub von L_1 auf L_2 vergrößert, so daß $L_2 = L_1 + 2s_1$ ist. Die größte Breite an dieser Stelle wird durch $2\,D_1$ auf D_2 vergrößert: $B_1 + 2D_1 = B_2$. Läßt man aber den Schlag nicht auf dieselbe Stelle, sondern daneben treffen (Abb. 30), so wird der Stab sich zwar ebenfalls nach beiden Richtungen seiner Längsachse verlängern, wie in Abb. 28 durch Vor- und Rückschub, jedoch wird die Verbreiterung an der zweiten Schlagstelle nur ebenso groß sein wie an der ersten, d.h. $= B_1$. Werden aber die Schläge möglichst dicht aneinander gelegt, wie in Abb. 31, indem der Stab gegen die Schmiederichtung zwischen Hammer und Amboß bewegt wird, so tritt eine gleichmäßige Verbreiterung des Querschnittes ein bei gleichzeitig abnehmender Höhe.

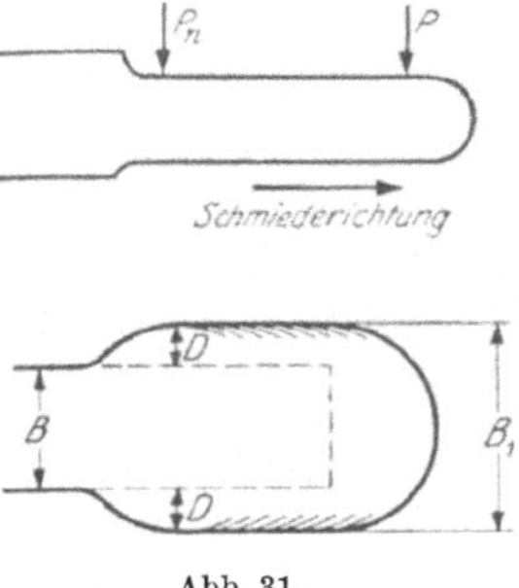

Abb. 31.

B. Strecken.

23. Strecken unter Hammer und Presse. Die beim Freiformschmieden am häufigsten angewandte Art des Schmiedens ist das *Strecken*, eine Vergrößerung der Länge des Werkstückes unter gleichzeitiger Verringerung seines Querschnittes durch die Wirkung von Schlägen oder Drücken rechtwinklig zur Streckrichtung (im Gegensatz zum *Recken*, wie wir weiter unten sehen werden).

Um ein Werkstück zu strecken, ist es erforderlich, je nach der Länge des Stückes eine mehr oder minder große Anzahl Schläge oder Drücke hintereinander auf das Stück einwirken zu lassen (Abb. 32).

Die Wirkung der Hammerschläge hängt ab von der Geschwindigkeit, mit der der Hammer das Werkstück

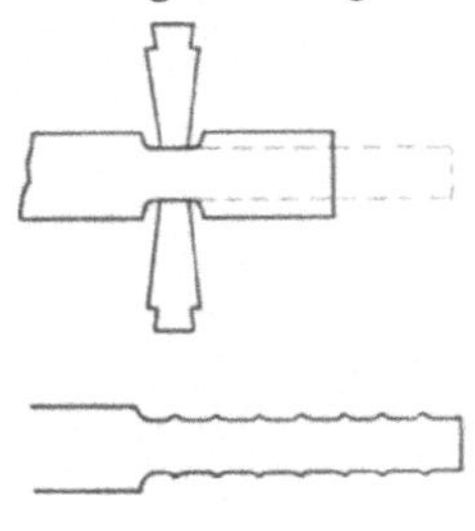

Abb. 32.

trifft, von seinem Gewicht und von der Größe der Fläche, auf die die Hammerbahn wirkt. Ist die Fläche groß, so verteilt sich die Energie des Schlages so sehr, daß die Wirkung auf die Flächeneinheit nur gering ist, ist die Fläche dagegen klein, so wird bei gleicher Schlagenergie die von der Hammerbahn erfaßte kleinere Rohstoffmenge wirkungsvoller verschoben: die Hammerbahn dringt tiefer in den Rohstoff ein.

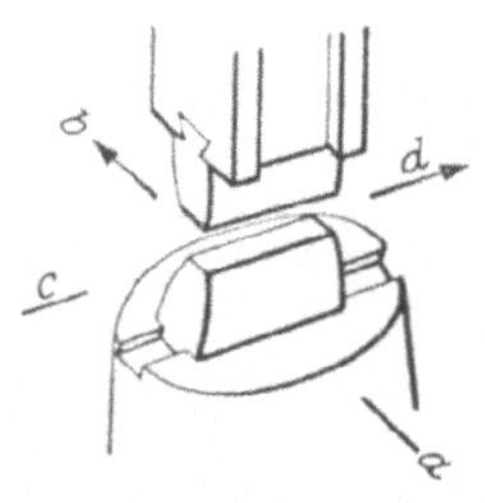

Abb. 33. Hammerbahn zum Strecken und Schlichten.

Die Strecksättel haben meist rechteckige Arbeitsflächen. In der Regel ist die Länge ein Vielfaches der Breite (Abb. 33). Um die Vorteile der normalen Hammerbahn (schnelles Herunterschmieden) und auch der breiten Hammerbahn (besseres Glätten und Schlichten) ausnutzen zu können, gibt man den Arbeitsflächen diese rechteckige Form, dann kann der Schmied in der Richtung *a b* strecken und in Richtung *c d* schlichten. Welche Beziehungen zwischen der Sattelbreite und der Dicke des Arbeitsstückes gelten, werden wir an einer anderen Stelle dieses Kapitels sehen.

Die Arbeit des Streckens wickelt sich in der Weise ab, daß das Werkstück auf dem Untersattel in der Richtung von *a* nach *b* (Abb. 33) bewegt wird, so daß sich ein Schlag an den andern reiht bzw. sich die Schläge teilweise überdecken.

Während der Schmied bei Verwendung von gewalztem Werkstoff auf eine möglichst vollständige Durchschmiedung nicht so sehr zu achten braucht, da ja im Walzprozeß das Gußgefüge verfeinert wurde, verbindet sich bei der Verwendung von Rohblöcken als Ausgangswerkstoff mit dem Strecken auch gleichzeitig die Durcharbeitung des Werkstoffes. Die Dichtigkeit des Werkstoffes ist nach dem Schmieden die gleiche wie vorher, jedoch haben Zähigkeit und Dehnung zugenommen. Die Güte der Durchschmiedung hängt davon ab, ob der Werkstoff im Kern des Werkstückes ebenso gut durchgearbeitet ist, wie in den äußeren Schichten. Stücke mit großem Durchmesser erfordern deshalb breitere Werkzeuge und dementsprechend größere Hämmer und Pressen, wenn die Wirkung des Schlages oder Druckes bis in den Kern dringen soll (s. auch S. 28.

Falsch ist es, bei Verarbeitung von Rohblöcken die Breite der Hammerbahn (Sattelbreite) lediglich nach dem Maße der Streckwirkung festzulegen, es muß vielmehr auch auf die Erreichung einer guten Durchschmiedung Rücksicht genommen werden.

Um eine allseitig gute Durchschmiedung zu erzielen, wendet der Schmied das Stück nach dem jedesmaligen Überschmieden. Z. B. wird ein rechtkantiges Stück nach dem ersten Überschmieden um 90° gewendet und der Drang zurückgeschmiedet, dann wieder um 90° gewendet, wieder der Drang zurückgeschmiedet und so fort, bis die gewünschte Stärke erreicht ist. Kleinere leicht zu handhabende Stücke wendet der Schmied oft nach jedem Schlag, indem er das Stück jedesmal um 90° wendet, so daß die Schläge gewindeartig um das Stück herumliegen (Abb. 34) oder er wendet nach jedem Schlag abwechselnd, einmal um 90° nach links, dann um 90° nach rechts, so daß die Schläge wie in Abb. 35 liegen.

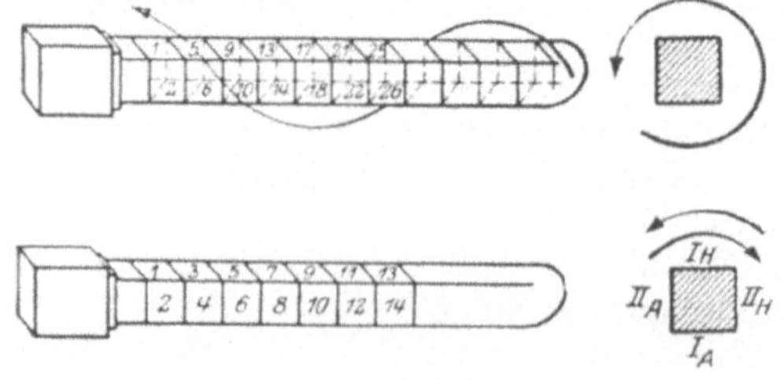

Abb. 35.

Abb. 34. u. 35. Lage der Schläge bei leichten Rechtkantstücken.

Große kantige Stücke (wie sie unter hydraulischen Pressen geschmiedet werden) kann man nicht nach jedem Druck wenden; man wendet sie daher nur jedesmal nach Überschmieden der ganzen Länge.

Beim Schmieden von runden Wellen im Spitzsattel wird nach jedem Schlag um wenige Grade gewendet, so daß die Schläge gewindeartig um das Stück liegen.

Mit zunehmender Strecklänge wächst die Schwierigkeit, das Stück beim Schmieden gerade zu halten. Ungleichmäßige Wärme und ungleiche Hammerschläge verursachen sehr leicht eine Krümmung des Stückes.

Bei Werkstücken mit rechteckigem Querschnitt soll der Schmied, sofern es die Eigenart des Stückes zuläßt, beim Vorschmieden darauf achten, daß zwischen den Seiten des Querschnittes kein größeres Verhältnis besteht als etwa 1:3,5. Ist das Verhältnis größer, so besteht Gefahr, daß der Querschnitt beim hochkantigen Überschmieden ausknickt (Abb. 36).

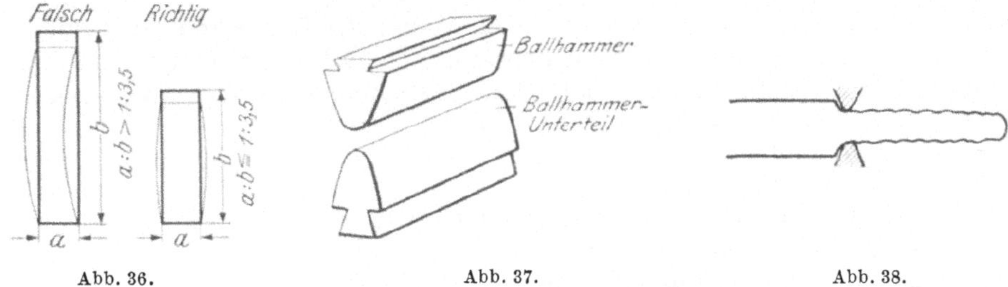

Abb. 36. Abb. 37. Abb. 38.

Je nach den verschiedenen Zwecken, zu denen die Werkstücke gestreckt werden, verwendet der Schmied verschiedenartige Hammereinsätze: Zum rohen Strecken nimmt er Hammereinsätze mit balliger Arbeitsfläche (Abb. 37), deren Streckwirkung wesentlich größer ist als die der Einsätze mit ebener Arbeitsfläche. Die balligen Arbeitsflächen hinterlassen jedoch eine unregelmäßig Oberfläche (Abb. 38). Bei großen Hämmern und Pressen verwendet man durchweg Einsätze mit ebenen Flächen. Bei diesen Werkzeugen werden lediglich die Kanten stark abgerundet (20···70 mm Radius).

In manchen Fällen arbeitet man vorteilhaft nur mit einem Teil der Hammerbahn. Bei dicken Stücken sollte allerdings nur mit dem breitesten Werkzeug gearbeitet werden, da sonst der Kern des Stückes nicht gut durchgearbeitet wird.

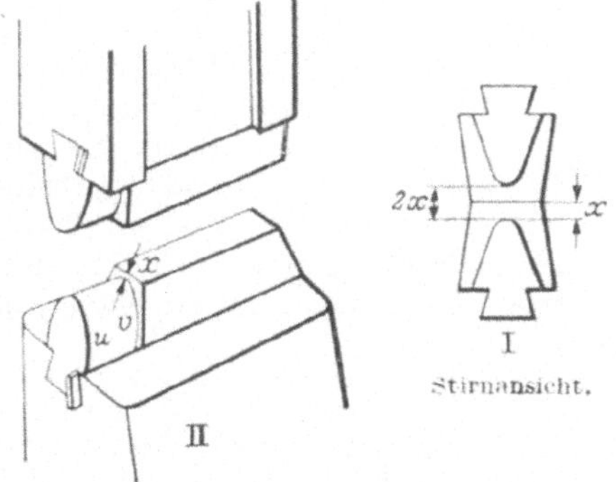

Abb. 39. Hammerbahn, teils ballig, teils eben.

Für kleinere Schmiedestücke verwendet man Hammerbahnen, die einen balligen Teil zum Strecken und einen ebenen Teil zum Glätten des Werkstückes haben (Abb. 39). Man läßt dann wie in Abb. 39 *I*, *II* den balligen Teil um das Maß x gegen den ebenen Teil zurückstehen, wobei 2 x gleich der geringsten Stärke des Schmiedestückes ist, so daß das Stück beim Strecken nicht unter Maß geschmiedet werden kann.

24. Strecken im Sattel und mit Hilfswerkzeugen. Wie wir im Kapitel „Schub und Drang" gesehen haben, fließt der Werkstoff nicht allein in der Streckrichtung, sondern auch rechtwinklig zu ihr. Diesen in unerwünschter Richtung geschmiedeten Werkstoff, den Drang, muß der Schmied beim Strecken mit bewegen. Ein Teil der vom Hammer aufgewendeten Arbeitsleistung geht ferner dadurch verloren, daß der Drang wieder zurückgeschmiedet werden muß. Auf der Suche nach einem Wege, diese Leistungsverluste zu verkleinern, kam man auf den sog. Spitzsattel (Abb. 40), der ausschließlich zum Strecken von runden Wellen benutzt wird.

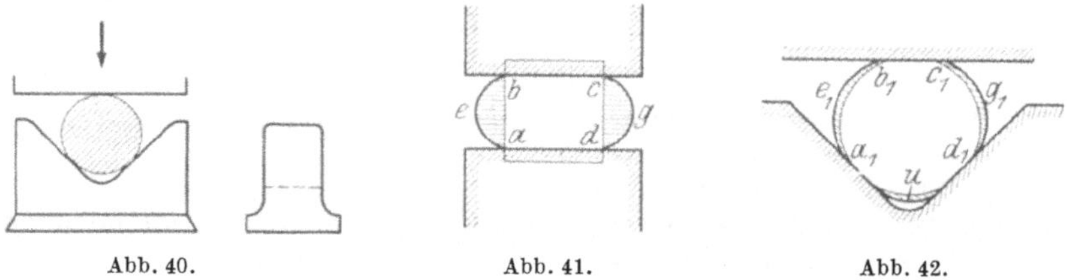

Abb. 40. Abb. 41. Abb. 42.

Der Stoff, der bei ebener Schmiedebahn unter der Schlag- oder Druckfläche die Form *a e b c g d* (Abb. 41) anzunehmen, also den schraffierten Drang *a e b* und *c g d* auszubilden sucht, wird hieran durch die Seitenwände gehindert (Abb. 42), und kann nur den schwachen Drang $a_1\ e_1\ b_1$ und $c_1\ g_1\ d_1$ sowie unten $d_1\ u\ a_1$ bilden. Da die verdrängte Stoffmenge dieselbe ist, als ob auf ebener Bahn geschmiedet würde (bei gleicher Eindrucktiefe), so quillt die verdrängte Menge in den Vor- und Rückschub, diese vergrößernd und hiermit die Arbeitsleistung erhöhend.

Bei Werkstücken mit großem Durchmesser ist die Durchschmiedung im Spitzsattel nicht einwandfrei; während nämlich die bei ebenen Sattelbahnen durch Ober- und Untersattel hervorgerufenen Eindrucktiefen fast gleich sind, sind sie im Spitzsattel, da ja hier das Werkstück an zwei Stellen aufliegt, nur etwa halb so groß. An diesen Stellen dringt also die Verschmiedung nicht so tief in das Innere.

In welcher Weise der Kern des Werkstückes eine ungenügende Durchschmiedung erfährt, geht aus folgenden Erwägungen hervor:

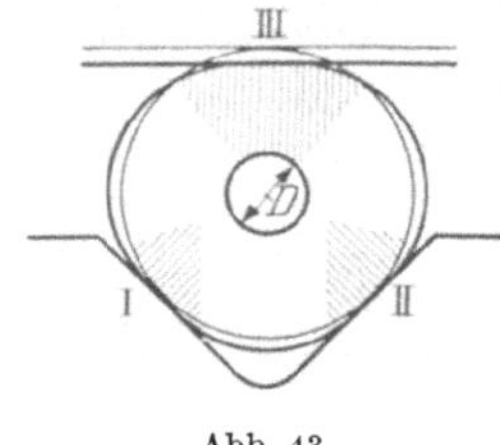

Abb. 43.

In Abb. 43 liegt der Block an den Punkten *I* und *II* auf, während bei *III* der Obersattel auf das Stück drückt. Ist der Querschnitt zunächst kreisrund (dünn ausgezogen), so wird er nach dem ersten Arbeitshub die stark ausgezogene Form annehmen. Die Fläche, auf der der Druck wirkt, ist im Verhältnis zum Durchmesser des Stückes klein und der Preßdruck dringt nicht bis in den Kern. Es wird lediglich der Werkstoff außen verformt, und zwar beim ersten Preßdruck nur an den schraffierten Stellen. Wird das Stück nun im Spitzsattel gedreht und wieder gedrückt und so fort, bis der gewünschte Durchmesser erreicht ist, so kann es vorkommen, daß ein Kern vom Durchmesser *D* ganz ungenügend durchgeschmiedet ist.

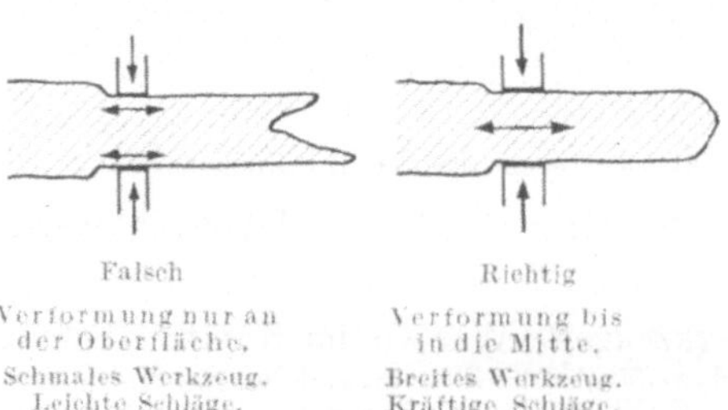

Abb. 44.

Der Zustand verschlechtert sich oft dadurch, daß das Schmiedestück nicht gleichmäßig warm ist. Große Stücke (über etwa 800 mm Durchmesser), vollständig gleichmäßig durchzuwärmen, bereitet insofern Schwierigkeiten, als sich die Temperatur im Innern des Stückes nicht leicht richtig beurteilen läßt: während das Stück außen gute Schmiedehitze hat, kann es im Kern vielleicht nur einige wenige Hundert

Grad warm sein. Daraus ergeben sich dann, besonders bei hartem, langsam zu erwärmendem Stahl, leicht Festigkeitsunterschiede von 10···20 kg/mm². Da nun beim Schmieden der weichere Stoff nachgibt, so werden die äußeren Schichten am besten verformt. Die Wirkung ist fast die gleiche, als wenn mit zu schmalem Werkzeug geschmiedet würde (Abb. 44 links). Durch die geringe Verschmiedung, die der im Kern des Stückes liegende Werkstoff erfährt, wird er nicht ausreichend verfeinert, er behält an diesen Stellen in manchen Fällen sein Gußgefüge bei.

25. Strecken über dem Dorn. Starkwandige Rohre größeren Durchmessers stellt man seit längerem nicht mehr durch Ausbohren, sondern durch „Strecken über dem Dorn" oder durch „Hohlschmieden" her.

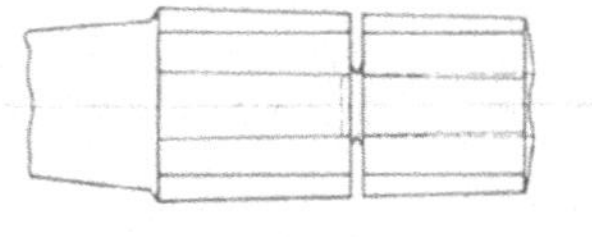

Abb. 45.

Es wird von einem Acht- oder Sechskant-Rohblock ausgegangen oder von einem entsprechend zylindrisch vorgeschmiedeten Block ein Stück abgestochen, hohlgebohrt oder warm gelocht (Abb. 45). Das Hohlschmieden ist im wesentlichen durch drei Verfahren gekennzeichnet. Nach dem 1. Verfahren (das man im allgemeinen nicht häufig anwendet) wird das gebohrte oder gelochte Stück nach dem Erwärmen auf einen Dorn genommen, der auf zwei Böcken unter der Presse ruht (Abb. 46). Der Dorn versieht die Stelle des Ambosses, so daß die Wandung des Schmiedestückes also zwischen Hammer und Dorn gestreckt wird. Die Streckrichtung ist entsprechend der Stellung des Hammers die Längsrichtung des Dorns. Naturgemäß werden, wenn man vom Rohblock ausgeht, zunächst die Kanten überschmiedet, um die Außenform möglichst zylindrisch zu erhalten. Da zu Anfang des Schmiedens nach jedem Hub das Stück in der Richtung seiner Längsachse verschoben werden muß, ist der Tisch, auf dem die Böcke stehen, verschiebbar. Im *zweiten Verfahren* werden meistens die im ersten Verfahren hergestellten Stücke aufgeweitet (Abb. 47). Der Unterschied dieser Arbeitsweise besteht lediglich in der durch die Stellung des Hammers sich ergebenden anderen Streckrichtung, sie ist jetzt tangential. Durch Drehen des Dorns nach jedem Hub kommt der Vorschub zustande. Die einzelnen Hübe sollen möglichst gleichmäßig sein. Außerordentlich wichtig ist, daß die Wandstärke des Vorwerkstückes bereits gleichmäßig ist, ferner, daß die Arbeitsfläche des Hammers genau parallel mit dem Dorn läuft, da sonst der Hohlkörper leicht unrund wird.

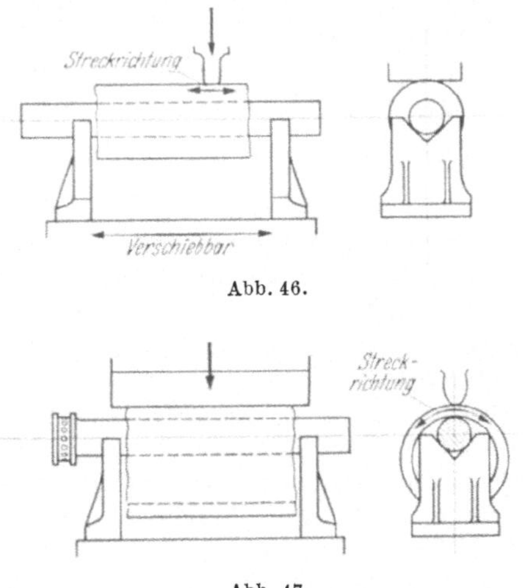

Abb. 46.

Abb. 47.

Während mit diesen beiden Verfahren nur kurze Hohlkörper hergestellt werden, da die Stärke und die Länge des Dorns bzw. die Bauart der Schmiedepresse Grenzen setzen, bedient man sich des *dritten Verfahrens* zur Herstellung langer Hohlkörper. Das, gegebenenfalls nach einem der ersten beiden Verfahren, bereits vorgearbeitete Stück kommt nach dem Erwärmen auf einen leicht kegeligen Dorn unter die Presse (Abb. 48). Der Lochdurchmesser des angewärmten Stückes soll je nach Größe 25···40 mm mehr betragen als der größere Dorndurchmesser, der seinerseits gleich dem Innenfertigdurchmesser des Hohlkörpers ist, vermindert um die doppelte Bearbeitungszugabe. Die Länge des Dorns hängt von den jeweiligen Umständen und Erfordernissen ab. Infolge des hohen Gewichtes versucht man stets mit dem kürzesten Dorn auszukommen. Bei diesem Verfahren steht die Arbeitsfläche des Hammers unter 90° zur Hauptachse des Stückes, dementsprechend wird der Werkstoff auch in Richtung dieser Hauptachse gestreckt. Besonders wichtig ist bei dieser Art des Schmiedens, daß das angewärmte Stück überall gleichmäßig warm ist. Mittels leichter und gleichmäßiger Hübe und unter fortwährendem Drehen des Stückes wird die Wandstärke vermindert. Schwächere Dorne führt man als Volldorne, stärkere hohlgebohrt oder hohlgeschmiedet aus und kühlt den Hohlraum während des Schmiedens durch Wasser (Abb. 48). Damit der Dorn nicht festhängt, wird in Richtung gegen den Dornbund zu geschmiedet, so daß der Werkstoff beim Strecken gegen den Bund wächst, den Dorn dabei mitnimmt und so stets lose hält.

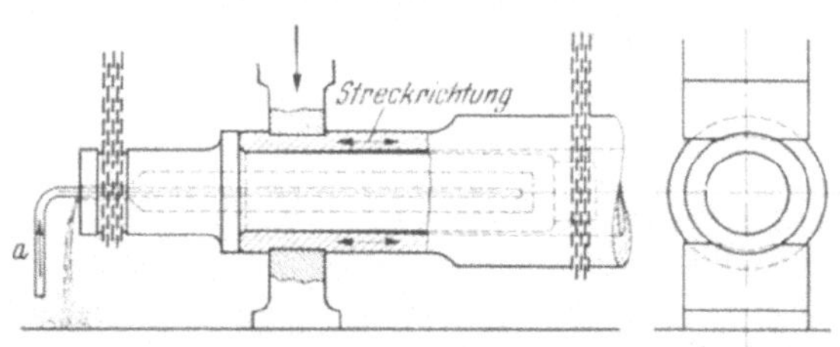

Abb. 48. Strecken über dem Dorn. *a* Wasserkühlung.

26. Strecken und Breiten. Soll ein Stab auf einen Querschnitt gestreckt werden, dessen Breite zur Dicke größer als etwa 1:2,5 ist, so ist das übliche Strecken allein nicht angängig, weil beim Zurückschmieden des Dranges der Querschnitt in der Breite ausknicken könnte. Deshalb streckt man in der üblichen Weise nur vor, die Hammerbahn quer zur Längsachse des Stabes, und schmiedet den Drang auf Hochkant zurück, bringt aber dann den Stab in die Längsachse der Hammerbahn und setzt die Schläge parallel zur Stabachse, in der Reihenfolge, wie Abb. 49 es angibt. Der Schmied verändert dabei seine Stellung vor dem Hammer um 90°. Glättet man dann die Fläche mit flachen Hammerkernen oder dem Setzhammer, so erhält man die fertige Fläche (Abb. 50). Dies Verfahren nennt man „Breiten“ Sollen beim Breiten die Abmessungen $a_1 b\, c_1$ genau eingehalten werden, so muß beim Vorstrecken die Länge $a < a_1$ bleiben, weil sie beim Breiten um den Drang zunimmt. Wie viel das ist, wird am besten durch ein oder zwei Versuche bestimmt.

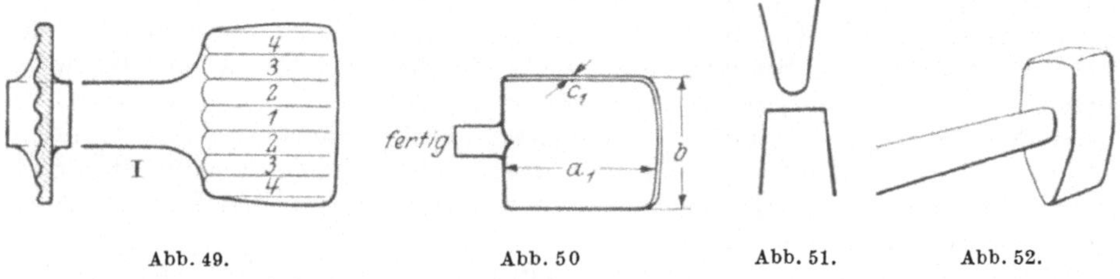

Abb. 49. Abb. 50 Abb. 51. Abb. 52.

Die Regel heißt stets: erst strecken, dann breiten. Man kann zum Strecken und Breiten (wie auch zum Strecken) die Amboßfläche eben, die Hammerfläche rund halten (Abb. 51). Der Handschmied benutzt dabei einen Hammer, dessen Pinne in der Richtung des Stieles liegt (Abb. 52, Langbahn, Ballbahn).

C. Stauchen.

Wenn man einen Stab durch Zusammendrücken in seiner Längsachse verkürzt, so nennt man das *Stauchen* (Abb. 53). Die Stablänge wurde von L auf L_1 verkürzt. Man wendet diese Arbeitsweise an, um an einer beliebigen Stelle eine Verdickung zu erzeugen oder einem Stück eine Verschmiedung in der Stauchrichtung zu geben.

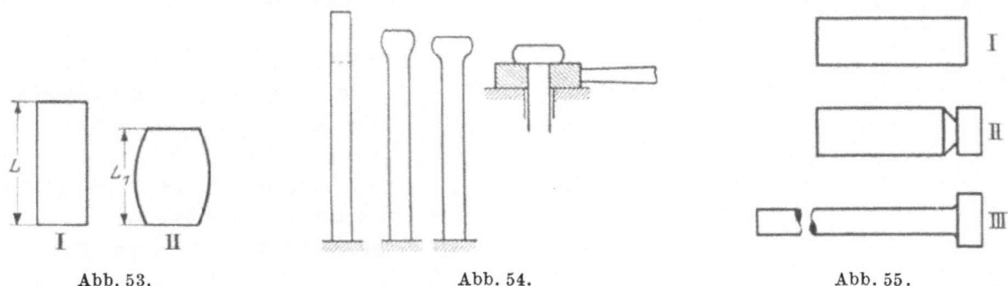

Abb. 53. Abb. 54. Abb. 55.

Man kann einen Stab an jeder beliebigen Stelle stauchen, indem man gerade diese Stelle anwärmt. Dieselbe Form läßt sich jedoch auch in vielen Fällen durch Strecken herstellen. Man hat jedesmal das vorteilhaftere zu wählen. Einen Bolzenkopf z. B. wird man stauchen (Abb. 54) und nur selten durch Strecken erzeugen (Abb. 55). Beim Stauchen nimmt man Werkstoff, dessen Durchmesser dem Schaft des Bolzens entspricht, beim Strecken Werkstoff vom Durchmesser des Kopfes.

Die Stauchstelle nimmt je nachdem, ob ein längeres oder kürzeres Stück angewärmt wurde, eine mehr oder minder kugelige Form an, aus der die Endform (zylindrisch, vier-, sechs- oder achtkantig) auf dem Amboß oder im Gesenk herzustellen ist.

Man kann als Regel annehmen, daß prismatische Verdikkungen, deren Achsen in der Längsachse des Werkstückes liegen, vorteilhaft von Hand gestaucht werden können, wenn das Werkstück die Länge hat, die bequem zwischen Hammer und Amboß gebracht werden kann. Früher wurde in der Zeugschmiede viel mehr gestaucht als heute. Lange Pumpengestänge, Waggonzugstangen und ähnliche Formen, wie Abb. 56, von oft mehreren Metern Länge wurden allgemein auf der Platte gestaucht. Zu diesem Zweck besaß jede Schmiede eine sog. Stauchplatte, über der im Dachsparren eine Seilrolle hing. Man wärmte das Rundeisen am Ende an, kühlte die äußerste Spitze im Wasser ab und befestigte das eine Seilende am kalten Ende der Stange. Dann hob man sie und ließ sie mit dem warmen Ende auf die Platte fallen. Dieser Vorgang wurde so lange wiederholt, bis die gewünschte Dicke und durch Zurückschmieden im Gesenkstock die Form erreicht war. Die neuzeitliche Schmiedemaschine hat dieses Verfahren überholt.

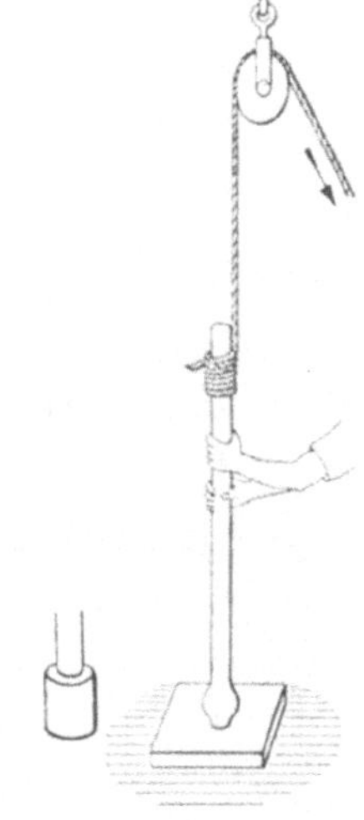

Abb. 56.

Größere und längere Stücke werden nach dem Erwärmen zwischen Ober- und Untersattel festgehalten und mit dem Stauchbaum gestaucht (Abb. 57). Bei dieser Arbeit ist größte Vorsicht am Platze, da Hammer oder Presse sehr gefährdet sind. Gleichmäßig gute Durchwärmung und hohe Temperatur sind bei allen Staucharbeiten Bedingung.

Bei der Herstellung großer Schmiedestücke muß sehr viel gestaucht werden. Einmal deshalb, weil oft der Querschnitt des großen Rohblockes nicht ausreicht, um den gewünschten Verschmiedungsgrad zu erzielen, dann, um bei großen Schmiedestücken im Innern zuverlässig eine gute Verschmiedung des Werkstoffes zu erreichen. Große zylindrische Stücke sind schwer zu handhaben. Geht man vom Rohblock aus, so wird allgemein dieser vor dem Stauchen überschmiedet und der hohle Kopf abgetrennt. Der Fußteil wird „angeschwänzt“, d. h. es wird ein kürzeres zylindrisches Ende angeschmiedet, um das Stück nach dem Stauchen im Blockhalter aufnehmen zu können. Der Stauchuntersatz ist dabei so ausgebildet, daß er das Anschwänzende aufnehmen kann, ohne daß dieses mitgestaucht wird (Abb. 58).

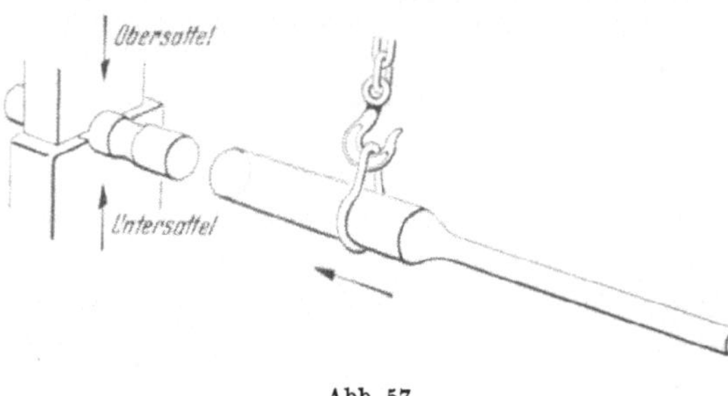

Abb. 57.

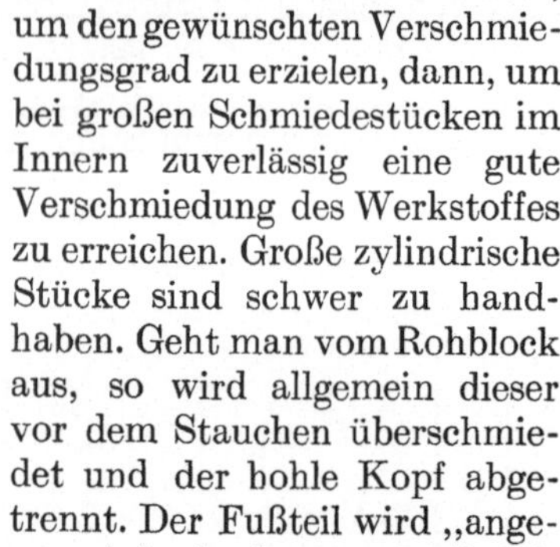

Scheibenförmige Teile werden sowohl in einem Druck als auch partiell gestaucht. Das letzte Verfahren wendet man an, wenn der Preßdruck oder das Bärgewicht des Hammers nicht ausreichen, um das Stück im ganzen zu stauchen (Abb. 59).

Abb. 58. Vorgang beim Stauchen großer Blöcke.

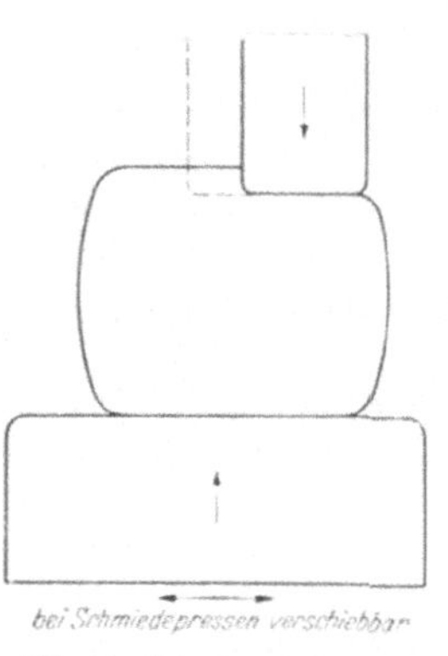

Abb. 59. Stauchen scheibenförmiger großer Blöcke.

Im allgemeinen ist man heute in der Lage, Querschnitte bis zu etwa 4 m Durchmesser zu stauchen.

D. Lochen und Schlitzen.

27. Vorgang beim Lochen. Löcher in Werkstücken werden in der Schmiede durch Lochdorne hergestellt. Der Fließvorgang ist hierbei ziemlich verwickelt:

Wenn der zylindrische Körper vom Durchmesser D (Abb. 60, I) und der Höhe H zentrisch durch den Dorn vom Durchmesser d und der Kopfform a-o-b gelocht werden soll, stellt man den erwärmten Körper auf den Amboß A A zentrisch unter den Dorn und übt auf diesen den Druck (oder Schlag) P aus. Beim Eindringen des Dornes in den Werkstoff weichen die kleinsten Teilchen des Stoffes in der Richtung p

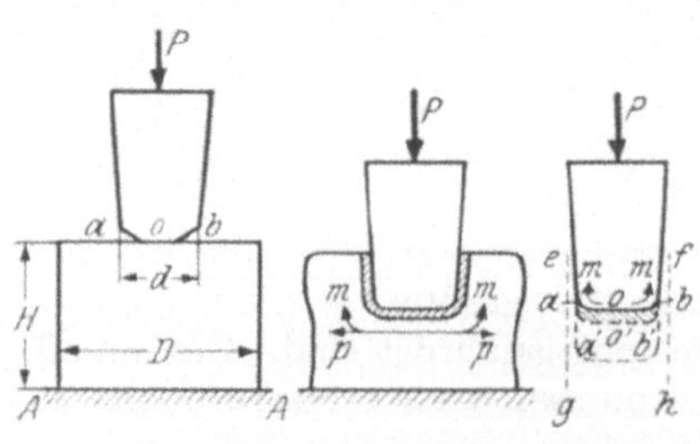

Abb. 60. Fließvorgang beim Lochen.

(Abb. 60, *II*) aus, und geraten durch die Bewegung des Dornes in die Richtung m, indem sie um den Kopf des Dornes herumgleiten und sich zwischen Dorn und Körperwand schieben. Unter dem Dorn entsteht dadurch eine Fließzone $aobo'$ (Abb. 60, *III*). Der Rohstoff, der unter dem Dorn liegt, in der Form eines Zylinders a-a'-b-b' wird auf diese Weise umgebildet in einen Hohlzylinder, dessen äußeren Mantel e-f-g-h und dessen inneren Mantel die äußeren Fläche des Dornes bildet. Der verdrängte Werkstoff übt auf den zu lochenden Körper radiale Spannungen p aus (Abb.61), die den Körper auseinander treiben, indem sie in jedem seiner Teile die Zugspannungen s erzeugen, seine Wandung also recken, so daß der äußere Durchmesser von D auf D_1 wächst. Es ist dieselbe Wirkung, als ob man einen Ring auf dem Amboß streckt (Abb. 62). Der Durchmesser des Ringes wird dadurch größer.

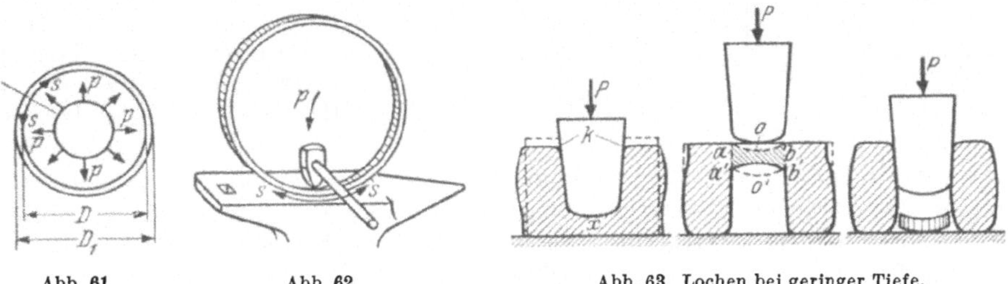

Abb. 61. Abb. 62. Abb. 63. Lochen bei geringer Tiefe.

Bei tiefen Lochungen verläuft sich der Dorn leicht, auch zieht sich die kreisförmige Kante k (Abb. 63, *I*) zu weit ein; es wird deshalb von beiden Enden her gelocht. Bei weniger tiefen Löchern dornt der Schmied von einem Ende so lange, bis nur noch ein Boden von der Dicke x übrig ist. Dann wird der Dorn herausgezogen, das Werkstück gewendet, so daß der Boden nach oben gekehrt ist, und der Dorn von dieser Seite her aufgesetzt (Abb. 63, *II*). Der Dorn dringt anfangs mit dem Kopf in das Werkstück ein und bildet die Vertiefung $a\ o\ b$, wobei er den inneren Boden nach der Linie $a'\ o'\ b'$ durchbiegt. Der Boden hängt nur noch an der Zylinderfläche a-a' b-b', diese hält dem Druck P nicht stand und reißt ab, indem der Lochputzen herausfällt (Abb. 63, *III*). Dieser Putzen bildet den Werkstoffverlust beim Lochen. Je nach der Größe der Bodenstärke wird der Schmied den Dorn beiderseitig mehrmals eintreiben müssen, bis der Putzen abreißt. Um das jedesmalige Herausziehen des Dornes zu erleichtern, wird der Dorn leicht kegelig gemacht und vor dem Eintreiben etwas zerkleinerte Kohle in das Loch geworfen. Diese Kohle vergast und sucht, da sie zwischen Lochdorn und Werkstückwandung nicht heraus kann, den Dorn herauszudrängen. In manchen Fällen kann man beobachten, daß der Dorn mit einiger Wucht herausgeschleudert wird.

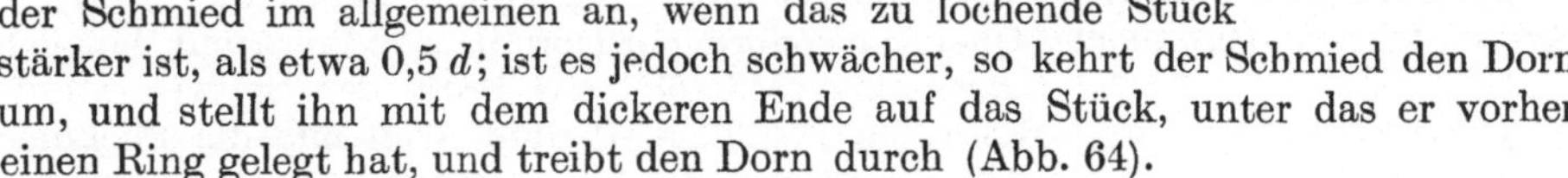

Abb. 64.

Die im vorstehenden beschriebene Art des Lochens wendet der Schmied im allgemeinen an, wenn das zu lochende Stück stärker ist, als etwa 0,5 d; ist es jedoch schwächer, so kehrt der Schmied den Dorn um, und stellt ihn mit dem dickeren Ende auf das Stück, unter das er vorher einen Ring gelegt hat, und treibt den Dorn durch (Abb. 64).

Der innere Durchmesser des untergelegten Ringes sei etwas größer als der größte Durchmesser des Dornes. Bei dieser Arbeitsweise ist der entfallende Lochputzen fast gleich dem Inhalt des Loches. Bei großen Stücken wird zum Lochen ein Hohldorn angewandt. Die Fließvorgänge sind fast die gleichen wie beim

Lochen mit dem vollen Dorn. Der Dorn (Abb. 65a u. b) ist rohrförmig (nicht kegelig) ausgebildet. Das eindringende Ende ist auf eine kurze Länge um ein weniges dicker, damit der Dorn sich leichter herausziehen läßt. Bei tiefen Löchern bildet man den Querschnitt am eindringenden Ende halbkreisförmig aus (Abb. 65a) und verwendet zum Schluß des Loches zum besseren Abscheren des Lochputzes einen Dorn mit schneidenartigem Ende. Kurze Stücke locht man nur mit einem Dorn nach Abb. 65b.

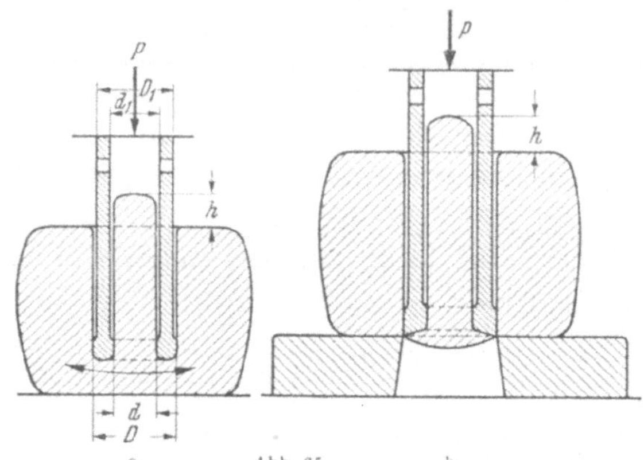

a Abb. 65. b

Während des Lochens wächst der Lochputzen um das Stück *h*. Die Menge des über die ursprüngliche Höhe hinauswachsenden Werkstoffes ist abhängig von der Durchwärmung des Stückes, vom Unterschied zwischen Innen- und Außentemperatur, von der Temperatur an der Oberfläche, von der Ausbildung des eindringenden Endes und schließlich auch von der Beschaffenheit des Werkstoffes. Nicht der gesamte verdrängte Werkstoff gelangt in das Innere des Hohldornes, der größte Teil fließt rechtwinklich zur Richtung *p* ab (Abb. 65a). Bei gut warmen Stücken verlaufen sich die Dorne selten, so daß das Herausziehen mühelos geht. Mit Hohldorn wird im allgemeinen nur von einer Seite gelocht.

28. Erweitern und Glätten. Will man kleinere Löcher erweitern und glätten, so benutzt man Dorne, wie Abb. 66, sog. Auftreiber, die in der Mitte einen stärkeren Durchmesser (d_1) haben, während die Enden kleiner gehalten sind, als der anfängliche Lochdurchmesser *d*.

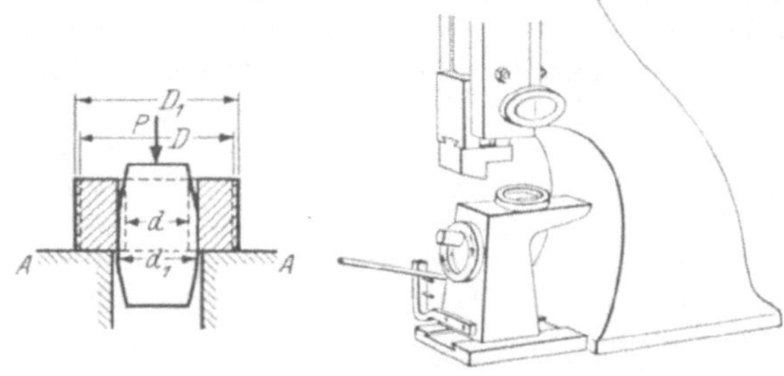

Abb. 66. Abb. 67. Strecken eines Ringes.

Man kann beliebig viele Auftreiber nacheinander benutzen mit immer wachsendem Durchmesser, bis das Loch eine Größe erreicht hat, daß man das Werkstück (Ring) auf eine Welle stecken kann, um seine Wandung beliebig dünn zu strecken und dadurch den Durchmesser zu vergrößern (Abb. 67) oder um durch Hohlschmieden nach Abb. 46 das Stück in der Länge zu strecken.

29. Form der Lochwerkzeuge. Sehr wichtig ist beim Lochdorn die Form der Spitze. Gleichgültig, welche Querschnittsform der Dorn hat, ob kreisrund, länglich oder eckig (Abb. 68), das Profil der Spitze muß die Form der Fließlinie erhalten. Weil nun die Fließlinie sich in jedem Falle etwas anders gestaltet, gibt der erfahrene Schmied seinem Lochdorn eine abgerundete Form und überläßt es der natürlichen Abnutzung, die wirklich richtige Form zu bilden (Abb. 69), d. h. die, bei der der Fließwiderstand am kleinsten wird. Mit

Abb. 68.

einem gebrauchten Lochdorn arbeitet es sich immer leichter. Werden scharfkantige Löcher verlangt, so dornt der Schmied mit einem Dorn mit abgerundeten Kanten vor und mit einem scharfkantigen Dorn nach. Arbeitete er sogleich mit scharfkantigem Dorn, so würden die scharfen Kanten sich nach kurzer Zeit abrunden.

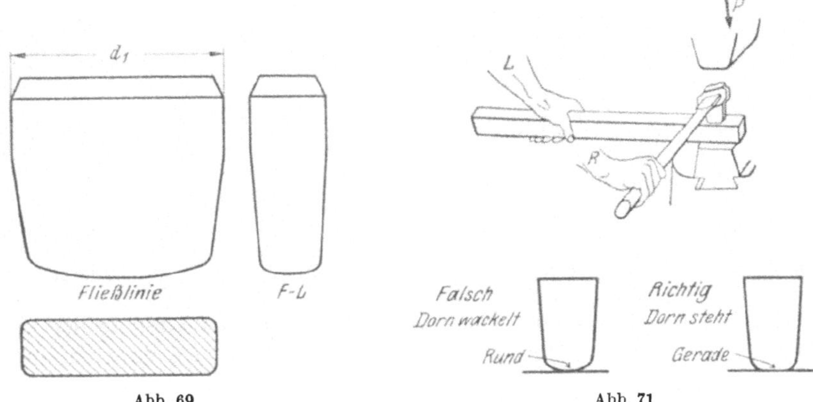

Abb. 69. Abb. 71.

Für kleine Löcher, die auf dem Amboß oder unter kleinen Krafthämmern hergestellt werden, benutzt der Schmied den Locher mit Stiel (Abb. 70).

Bei größeren Löchern kann der Dorn ein größeres Gewicht annehmen. Solche schwere Dorne kann man mit Stiel und Zange nicht gut beherrschen, man gibt ihnen deshalb an der unteren Seite eine gerade Fläche, damit sie auf dem Stück gerade stehen (Abb. 71).

30. Schlitzen. Eine andere Art, durch Schmieden Hohlkörper bzw. Löcher im Werkstoff zu erzeugen, ist das Schlitzen, z. B., wenn in der Mitte oder am Ende eines flachen Stabes eine hohe Muffe oder ein Ohr gebildet werden soll (Abb. 72). Man kann diese Muffe zwar durch Lochen herstellen, doch manchmal vorteilhafter durch Schlitzen.

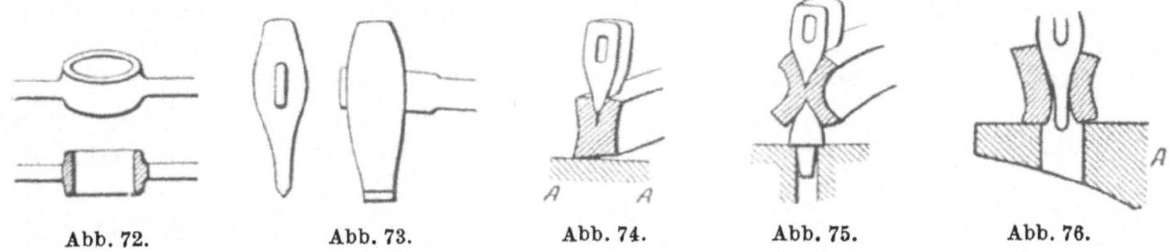

Abb. 72. Abb. 73. Abb. 74. Abb. 75. Abb. 76.

Wenn man den Lochdorn scharf zu einer Schneide ausbildet (Abb. 73) und ihn in den vorgewärmten Werkstoff treibt, so wird der Stoff nicht fließen, sondern unter der Schneide des Schlitzmeißels getrennt (Abb. 74). Hat man den Meißel bis zur Hälfte in den Werkstoff eingetrieben, kehrt man das Werkstück um und legt es mit der geschlitzten Seite über einen ähnlichen Meißel, der im Amboß befestigt ist (Abb. 75), um es von der entgegengesetzten Seite zu schlitzen.

Die entstandene Öffnung hat dann die Form Abb. 76. In diese Öffnung wird dann über dem Amboßloch der Treiber T getrieben und mit einem aufgesetzten Dorn durchgetrieben, bis er durch das Amboßloch fällt (Abb. 77). Hiernach wird der zylindrische Dorn T_1 (Abb. 78) bis zur Mitte nachgetrieben. Auf diesem Dorn oder im Rundgesenk schmiedet man die äußere Fläche nach.

Der Schlitzdorn muß an den Ecken abgerundet sein (Abb. 79), andernfalls reißt der Werkstoff leicht bei *a* (Abb. 80) auf; außerdem ist aus demselben Grunde der Dorn so dünn wie möglich zu machen. Seine Breite richtet sich nach der Größe

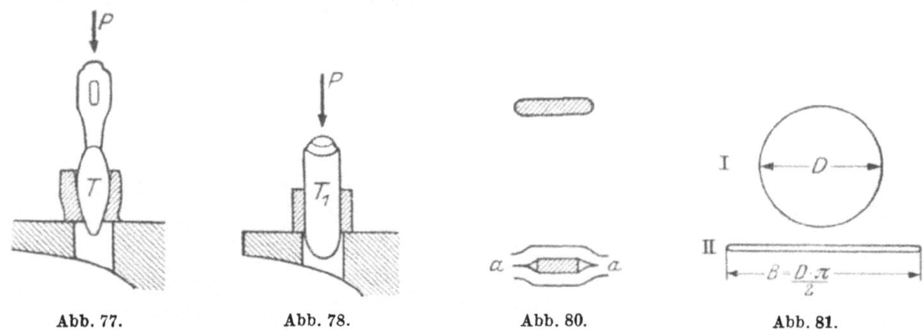

Abb. 77. Abb. 78. Abb. 80. Abb. 81.

des gewünschten Loches, gemäß folgender Überlegung: Der Umfang des Loches vom Durchmesser D ist $= D \times \pi$ ($\pi = 3{,}14$). Wenn man den Kreis zusammendrückt, wie Abb. 81, so ist die Länge des Schlitzes $B = \frac{D\pi}{2}$. Man macht den Schlitzdorn an der Schneide aber nur etwa $\frac{3}{4}\frac{D\pi}{2}$. Die Schmiederegel ist: die Breite des Meißels wird um 10 ··· 20% größer als der Lochdurchmesser; der Rest wird durch Auftreiben und Schmieden der Wandung erreicht. Vor dem Auftreiben ist gut anzuwärmen.

Man erreicht durch Schlitzen dasselbe wie durch Lochen, etwas umständlicher, dafür aber ohne Stoffverlust; mit Schmiedemaschinen schlitzen ist meist vorzuziehen. Durch den Treibdorn kann dem Loch jede beliebige Form gegeben werden: kegelig, zylindrisch, rund, oval, flach, sechskant usw.

E. Schroten und Trennen.

Das Trennen, Abtrennen, Schroten, Abschroten, Einschroten ist ein einfaches Schmieden mit dem Meißel. Der Schmied kann — ausgenommen nach mehreren Versuchen bei Massenfertigung von Hand — gewöhnlich vorher nicht genau die Menge des Werkstoffes berechnen, die er nötig hat. Er nimmt also etwas mehr Werkstoff als das Stück verlangt und schrotet später den überflüssigen Teil ab. Sparsam und bequem ist das Arbeiten von der Stange, bei dem das Ende eines handlich langen Stabes so geformt wird, daß leicht zu erkennen ist, wo abgetrennt werden muß, um das Werkstück aus dem abgetrennten Teil ohne Rest herstellen zu können.

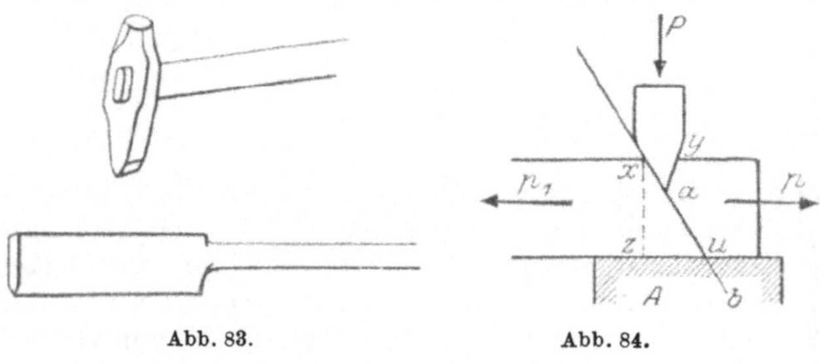

Abb. 83. Abb. 84.

31. Abschroten von verschiedenen Seiten. Gewöhnlich legt man den Werkstoff auf den Amboß, wo man ihn mit der Zange festhält, setzt den Schrotmeißel quer über das Stück, an der Stelle, an der getrennt werden soll und läßt den Zuschläger auf den Meißel schlagen. Für Handarbeit ist der Schrotmeißel mit Holzstiel (Abb. 82), für Maschinenarbeit mit Eisenstiel (Abb. 83) üblich. Die Schneide des

Schrotmeißels hat einen bestimmten Schnittwinkel, der von der Härte des Rohstoffes abhängt.

Wenn der keilförmige Meißel nun mit einer Schneide *a* (Abb. 84) in den Werkstoff eindringt, so treibt er ihn auseinander. Der Stoff weicht dahin aus, wo er den geringsten Widerstand findet, also in der Richtung *p*, wenn die Werkstoffmenge dort viel kleiner ist, als in der entgegengesetzten p_1. Triebe man den Meißel von einer Seite her durch den ganzen Querschnitt des Stückes, so würde er sich nach der Ebene *a*-*b* (Schräge der Schneide) verschieben. Das Stück, das nach der Ebene *x z* hätte abgeschrotet werden sollen, wäre also um den Keil *x z u* zu groß geblieben. Um nun aber möglichst rechtwinklige Enden zu bekommen, schrotet man das Stück von mehreren Seiten (Abb. 85). Bei Handschmiedestücken zeichnet der Schmied sich die Stellen, an denen er den Meißel aufsetzen muß, erst vor, indem er auf allen vier Seiten des Stückes eine leichte Kerbe einschlägt. Hat er ein gutes Augenmaß, dann liegen die Kerbe in einer Ebene (Abb. 85, *I*).

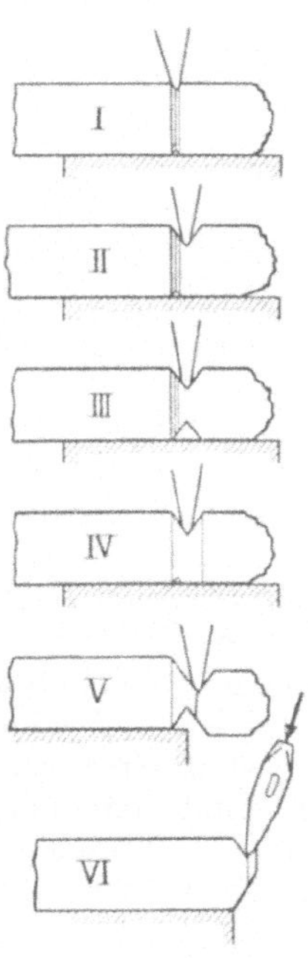

Abb. 85. Abschrotten von allen vier Seiten.

Der Schrotmeißel wird nun zunächst von der einen Seite her eingetrieben (Abb. 85, *II*), dann das Stück um 180° gewendet und ein Hieb von dieser Seite gemacht (Abb. 85, *III*). Nun wird das Stück um 90° gewendet und der Meißel von dieser Seite her eingetrieben (Abb. 85, *IV*), dann abermals um 180° gewendet und von der letzten Seite her der Meißel soweit eingetrieben, bis die Trennung erfolgt (Abb. 85, *V*). Ist nun die Schnittfläche des Stückes noch nicht gerade genug, so setzt der Schmied den Schrotmeißel etwas schräg auf, läßt mit kurz gefaßtem Hammer schräge Schläge geben und schrotet etwa vorstehende Flächen ab (Abb. 58, *VI*). Bei großen Stücken, die unter Krafthämmern oder Pressen geschmiedet werden, verfährt der Schmied ähnlich: auch hier zeichnet er sich die Stellen, wo er den Meißel aufsetzt, vor. Das dazu benutzte Werkzeug nennt der Schmied „Draht“; es ist, je nach den Abmessungen des Schmiedestückes, ein Rundeisen von etwa 10 ⋯ 30 mm Durchmesser. Zum Abschroten benutzt man bei großen Stücken den Vorschrot (Abb. 86, *I*) und schrotet mit dem Nachschroter die Fläche gerade (Abb. 86, *II*).

Nun wird man fragen, warum denn nicht gleich mit einem derartigen Meißel geschrotet wird, um möglichst gerade Schnittflächen zu erhalten? Die Antwort ist sehr einfach: Ein solcher Meißel verläuft sich gern dahin, wohin er nicht soll. Wegen der Schräge *a* (Abb. 87) entsteht durch den Werkstoff die Kraftkomponente *p*, die den Meißel beinahe in die Richtung xz_1 anstatt *xz* treibt. Das ist aber das Schlimmste, was dem Schmied geschehen kann, wenn das fertige oder fast fertige Werkstück zu kurz abgeschrotet wird: es gibt da gewöhnlich keinen anderen Ausweg, als es wegzuwerfen, weil meist jede Flickerei ausgeschlossen ist.

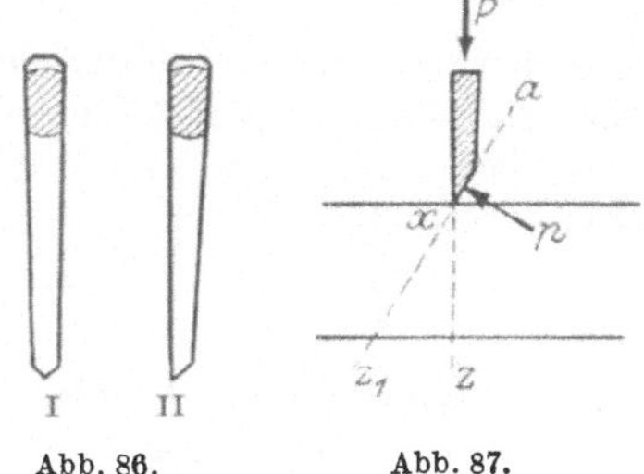

Abb. 86. Abb. 87.

32. Die Schnittwinkel der Schrotmeißel. Die Größe des Schnittwinkels für den Warmschröter beträgt für Handarbeit 20° (Abb. 88), für Dampfhammerarbeit (mit Schrötern nach Abb. 89) 50···60°. Nachschröter oder Setzmeißel, einseitig angesetzt, wie Abb. 90, werden auf 70···80° vor dem Härten angefeilt. Für Werkzeuge zum Warmschroten genügt ein Kohlenstoffstahl von 60···65 kg Festigkeit. Kaltschröter zum Einkerben und Brechen von Stäben erhalten einen Schnittwinkel von 60° und werden aus Kohlenstoffstahl von 80 kg/mm² hergestellt und hellbraun angelassen. Für besonders hohe Ansprüche verwendet man heute in zunehmendem Maße Schröter aus legiertem Stahl.

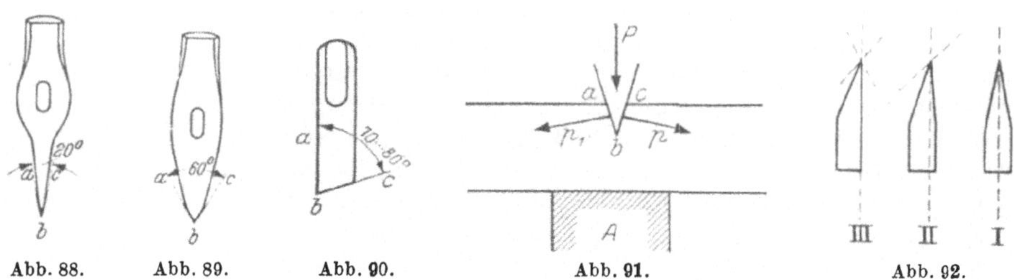

Abb. 88. Abb. 89. Abb. 90. Abb. 91. Abb. 92.

33. Einschroten. Wird das Werkstück in der Mitte eingeschrotet, wie Abb. 91, so daß die Widerstände auf beiden Seiten gleich sind ($p = p_1$), so klemmt sich der Schrotmeißel bald fest, wie ein Keil. Der Schrotwinkel *a b c* ist gleich dem Schneidwinkel des Meißels. Damit die Seite *a b* möglichst senkrecht steht, macht man den Schneidwinkel so klein, wie es die Festigkeit des Meißels erlaubt (Abb. 92, *I*). Da aber der Schrotwinkel in vielen Fällen gleich 90° verlangt wird, so hilft man sich in der Weise, daß man den Meißel halb einseitig anschärft (Abb. 92, *II*). Dadurch wird ein Verlaufen des Meißels, das bei Abb. 92, *III* eintreten würde, wie oben erwähnt, einigermaßen vermieden. In der Mitte schrotet man das Werkstück aber gewöhnlich nur auf eine gewisse Tiefe ein, nicht, um einen Teil abzutrennen, sondern um vom Einschnitt ab dem Stück einen anderen Querschnitt, einen Absatz, zu geben, wie z. B. Abb. 93 u. 94. Ein ganz scharfer Schröter klemmt sich leichter fest, als einer mit etwas abgerundeter Schneide, weil solche Schneide im Punkte *b* (Abb. 95) streckend auf den Rohstoff wirkt. Um das Festklemmen sicher zu vermeiden, wirft man in den Spalt etwas Steinkohlengrus, der bei der hohen Temperatur des Eisens vergast. Während des Schlages erhalten die entwickelten Gase eine hohe Spannung und blasen zwischen Meißel und Stoff aus dem Spalt *m m* heraus, eine „schmierende" Schicht bildend.

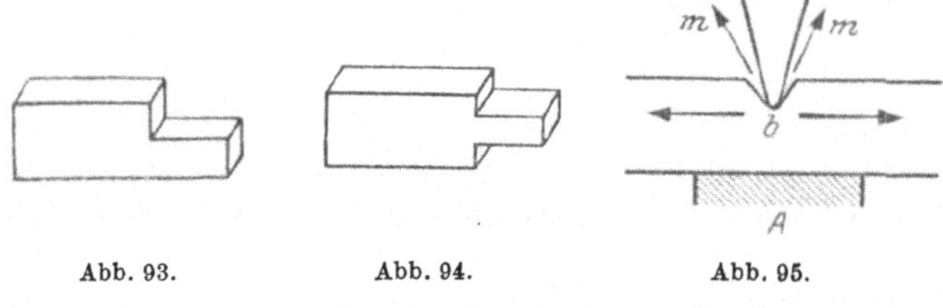

Abb. 93. Abb. 94. Abb. 95.

F. Absetzen.

34. Unmittelbares Absetzen. Wollte der Schmied einfach durch Strecken absetzen, so würde er keine scharfen Kanten im Absatz erhalten, aus folgendem Grunde: Wenn er mit dem Hammer einen Schlag so auf das Werkstück gibt, daß die Kante *z* (Abb. 96) des Hammers genau auf die Linie *x* trifft, von der aus er abzusetzen wünscht, so würde durch die Streckwirkung des Schlages, die durch Vor- und Rückschub S_v und S_r (Abb. 97) entsteht, die Linie *x* um eine dieser Größen verschoben sein, und zwar würde sich zwischen *x* und *z* eine hohlkehlförmige Fläche bilden. Den zweiten Schlag so zu geben, daß z auf x fällt, wäre äußerst schwierig (wenn man auch das Werkstück in der Schmiederichtung verschöbe), teils der Hohlkehle und vor allem des Treffens wegen, weil man leicht die Kante x oben verletzen könnte. Man gibt den zweiten Schlag also, wie Abb. 98, *I* und erhält als Wirkung Abb. 98, *II* (vorausgesetzt, daß man jedesmal in der Schmiederichtung bis zum Ende *E* des Werkstückes durchstreckt). Nach dem dritten Schlage hat man also einen treppenförmigen Absatz, je mit Hohlkehle (Abb. 98, *III*). Liegt die Kante des Hammers oder des Streckeisens H_1 gerade über der Amboßkante, so erhält man die Ansätze auf beiden Seiten (Abb. 99).

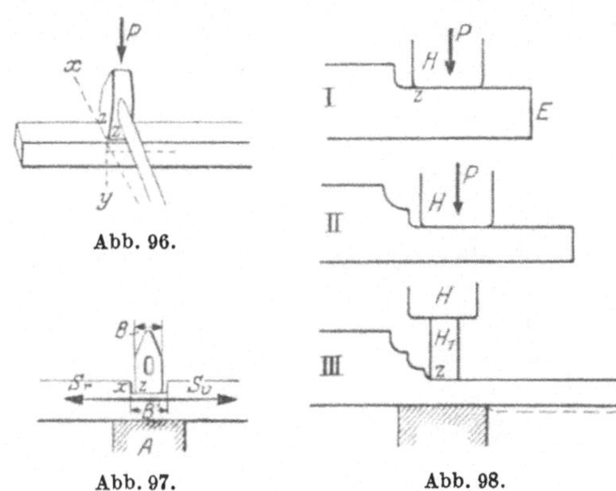
Abb. 96. Abb. 97. Abb. 98.

35. Absetzen durch Einschroten. Will man einen scharfen Absatz haben, so schrotet man entsprechend der Tiefe des Absatzes *ae* (Abb. 100) erst ein und schmiedet

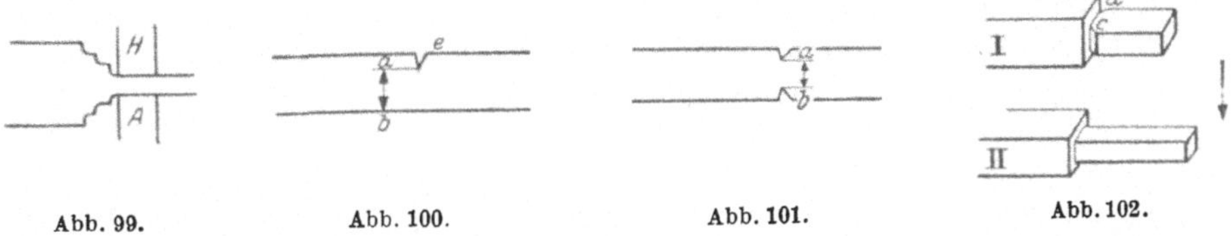
Abb. 99. Abb. 100. Abb. 101. Abb. 102.

dann den Werkstoff auf die Dicke *ab* herunter. Will man einen Absatz auf zwei Seiten, so muß man auf jeder einschroten (Abb. 101) und demgemäß viermal (Abb. 102, *I*), wenn man einen Absatz nach Abbild. 102, *II* haben will. Immer wird in der üblichen Weise gestreckt und auch der Drang zurückgeschmiedet.

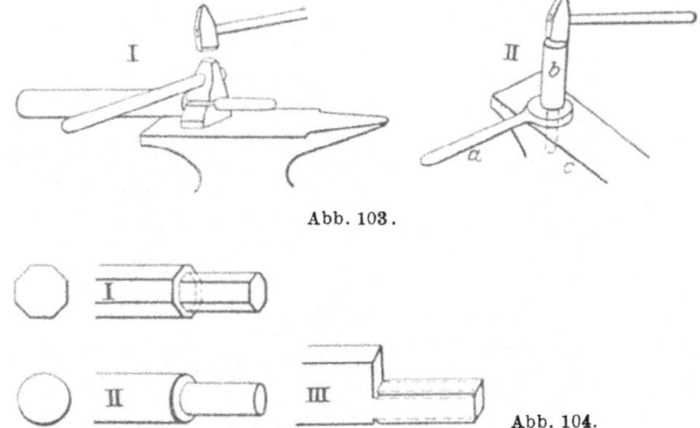
Abb. 103. Abb. 104.

So viel Mühe gibt man sich nur bei schweren Schmiedestücken, bei kleineren Stücken genügt das unmittelbare Absetzen mit dem Hammer und man hilft sich dann mit dem Setzhammer und dem runden oder kantigen Schlichtgesenk (Abb. 103, *I*) und dem Locheisen (Abb. 103, *II*), um scharfe Absätze zu erhalten. Aus diesen Fällen ergeben sich alle übrigen Möglichkeiten ohne weiteres, je nachdem es der Querschnitt verlangt (Abb. 104, *I*···*III*).

36. Absetzen mit Kerbeisen. Bei schweren Schmiedestücken genügt oft das einfache Schroten nicht mehr. Man bedient sich in diesem Falle des Dreikantkerbeisens, indem man vorher an der Absatzstelle vorschrotet (Abb. 105, *I* u. *II*). Soll der Absatz einseitig sein, so ist bereits beim Kerben darauf zu achten, daß die Kerbungsstelle über der Mitte des Ambosses zu liegen kommt, weil im anderen Falle die Verjüngung des Querschnittes sich auch auf die Unterseite des Schmiedestückes übertrüge (Abb. 106, *a*). Dieser Fehler wäre schwer wieder gut zu machen. Soll beiderseitig abgesetzt werden, so ist auf der entgegengesetzten Seite ebenfalls einzukerben (Abb. 107). Es ist auf einmal oder nacheinander so tief zu kerben, bis die gewünschte Stärke des Absatzes auf beiden Seiten erreicht ist. Es ist aber zweckmäßig, bei scharfkantigen Dreikantkerbeisen nicht bis auf den Zapfendurchmesser herunter zu kerben, sondern einige Millimeter darüber zu bleiben, um Rißgefahr zu vermeiden. In allen Fällen, wo abgesetzt wird, hat der Schmied sich vorher eine Länge L (Abb. 107) auszurechnen. Soll er z. B. am Ende eines quadratischen Blockes mit der Abmessung $B = 400$ mm einen runden Zapfen anschmieden von $d = 250$ mm ⌀ und $L_1 = 500$ mm Länge, so errechnet er sich die Länge L am Blockende nach der Gleichung:

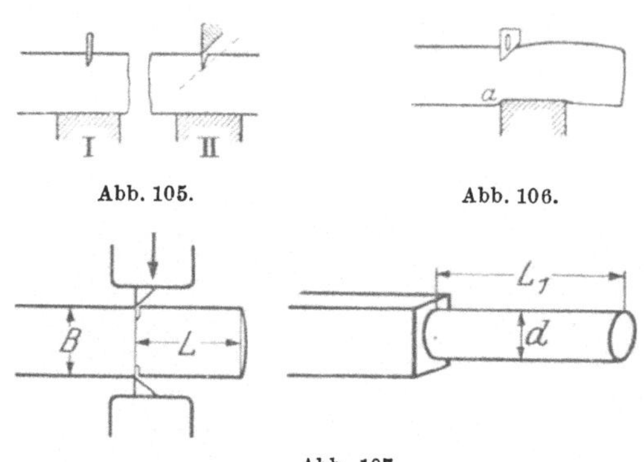

Abb. 105. Abb. 106. Abb. 107.

$$B^2 \cdot L = d^2 \frac{\pi}{4} \cdot L_1 \quad \text{zu:}$$

$$L = d^2 \frac{\pi}{4} \cdot \frac{L_1}{B^2} = 250^2 \frac{\pi}{4} \cdot \frac{500}{400^2} = 153\,\text{mm}.$$

Aus Vorsicht werden einige Millimeter dazugegeben, um mehr Volumen zu erhalten, denn beim Erwärmen verzundert jedesmal etwas Werkstoff.

Handelt es sich darum, Querschnittsverminderungen mit scharfen Absätzen innerhalb eines Stückes herzustellen, so wendet der Schmied verschiedene Verfahren an:

Solange die Länge L größer ist als die Sattelbreite, kommt der Schmied ohne besondere Streckwerkzeuge aus (Abb. 108). Ist die Länge L dagegen kleiner als die Sattelbreite, so wird mit dem sog. Setzeisen gestreckt (Abb. 109). Reicht die Länge L noch nicht einmal aus, zwei Kerbungen mit dem Dreikantkerbeisen zu machen, so schrotet der Schmied nur vor und streckt mit dem Setzeisen (Abb. 110).

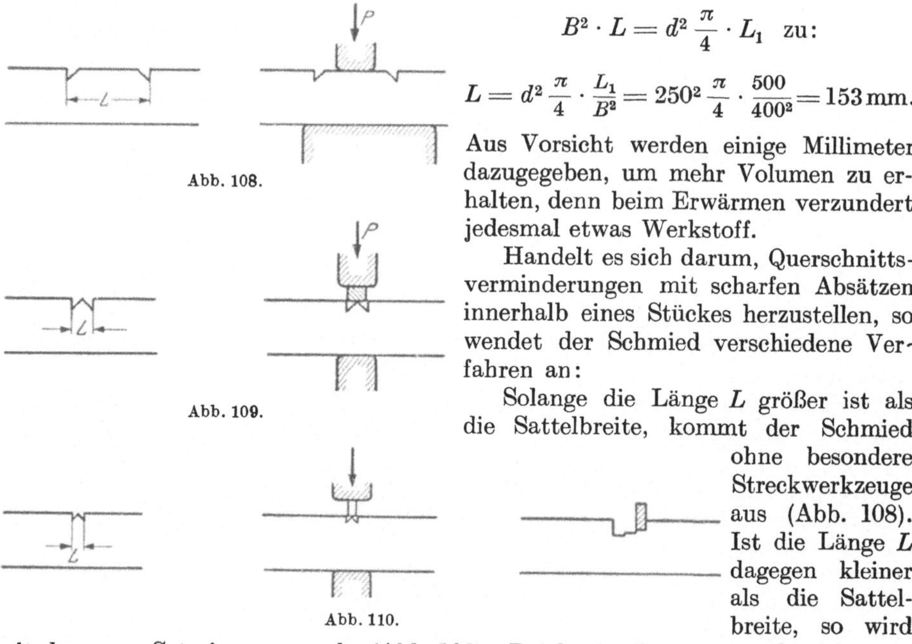

Abb. 108. Abb. 109. Abb. 110.

Vor Beginn der Arbeit legt der Schmied die Entfernungen der Einkerbungen auf seiner Schablone oder seinem Maßstab fest, damit er am warmen Stück schnell messen kann. Mit mehr oder weniger großen Ungenauigkeiten ist immer zu rechnen. Ist z. B. beim Einkerben die Länge L zu groß geworden, so muß der zu viel gegriffene Werkstoff bei der mechanischen Bearbeitung des Stückes zerspant werden.

Soll der abgesetzte Querschnitt rund werden, so geht der Schmied nach dem Grundsatz der Kantenberechnungen vom Vierkant in den Achtkant, vom Achtkant in den Sechzehnkant usw. über, bis die Kanten verschwinden und die Oberfläche weiter im Rundgesenk geglättet werden kann.

37. Durchsetzen. Bei großen Schmiedestücken, z. B. Kurbelwellen mit kurzen Lagerstellen, wird zur Vermeidung umfangreicher Zerspanungsarbeiten und für Werkstoffersparnis das Stück durchgesetzt.

Würde man das Stück (Abb. 111) ohne Durchsetzen schmieden, so wäre ein Block mit den Querschnittsmaßen H' und B (Breite) notwendig. Da H' erheblich größer ist als h, würde das Schmieden ohne Durchsetzen einen großen Rohblockquerschnitt verlangen und außerdem müßte das Stück $abcd$ zerspant werden. Zum Durchsetzen wird zunächst an Hand der Schmiedeschablone und Schmiedezeich-

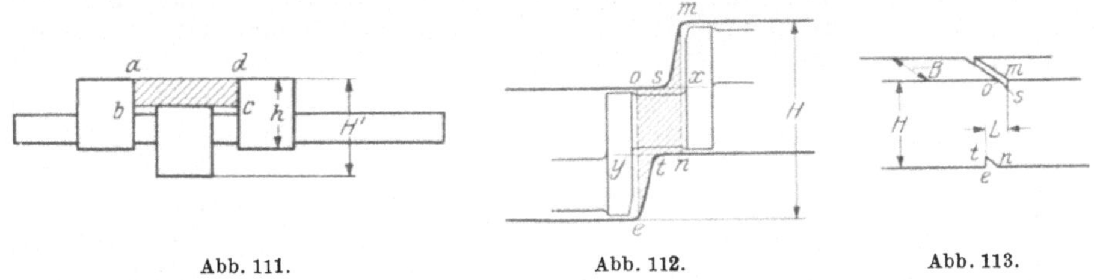

Abb. 111. Abb. 112. Abb. 113.

nung die Werkstoffmenge an der Durchsetzstelle, die von den Punkten $eosmnt$ (Abb. 112) eingeschlossen wird, errechnet. Bezeichnet F diese Fläche (schraffiert) und B die Breite des Stückes, so ist die Werkstoffmenge gleich $F \times B$. Aus dieser Werkstoffmenge errechnet sich die Länge L (Abb. 113) zu:

$$L = \frac{F \times B}{B \times H} = \frac{F}{H}.$$

In der Entfernung der Länge L werden nun die beiden Einkerbungen auf den gegenüberliegenden Seiten mit dem Dreikantkerbeisen angebracht (Abb. 114). Während beim Schmieden das Stück auf dem seitlich verschobenen Untersattel US ruht, wird der andere Teil von dem Obersattel OS heruntergeschmiedet, bis die Einkerbungen verschmiedet sind. Damit das Stück sich nicht zu stark verbiegt, unterstützt man es in einiger Entfernung vom Untersattel. Die Breite der Sättel wird zweckmäßig recht groß gewählt, damit sich die Durchsetzstelle nicht zu viel streckt; denn wenn sie zu lang gerät, ist das Stück Ausschuß. Vorteilhaft nimmt man die Breite des Untersattels auch doppelt so groß wie die des Obersattels (Tischsattel), weil sich auf einem solchen Sattel das Stück beim Schmieden besser gerade halten läßt. Durch das Durchsetzen ist nun die Länge L (Abb. 114) zur Länge L_1 geworden (Abb. 115) und die Höhe h zur Höhe h_1. Je nach den Abmessungen des Stückes wird es nicht gelingen, mit einemmal durch beiderseitiges Einkerben und Verschmieden die Höhe $h_1 = H'$ zu machen; es muß dann wiederholt eingekerbt und heruntergeschmiedet werden. Besonders wichtig ist es, das Werkstück zur Durchsetzarbeit gut anzuwärmen, und beim Schmieden darauf zu achten, daß die Kanten nicht über-

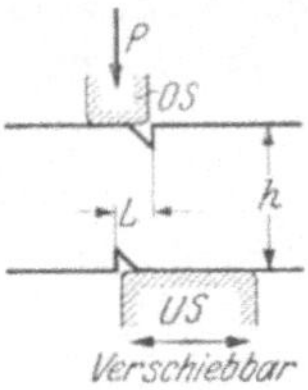

Abb. 114. 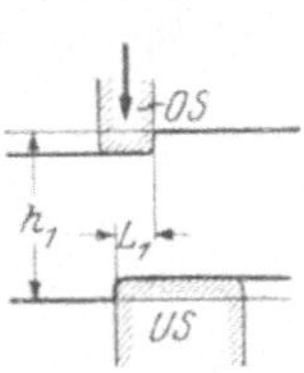 Abb. 115.

mäßig abkühlen (Rißgefahr). Keinesfalls sollte bei einer niedrigeren Temperatur als etwa 880° durchgesetzt werden. Die Durchsetzarbeit stellt große Anforderungen an Schmied und Werkstoff. Im allgemeinen sind solche Arbeiten nur bei schweren Schmiedestücken notwendig und werden fast ausschließlich unter hydraulischen Pressen ausgeführt.

G. Biegen.

Bei den bis jetzt besprochenen Formgebungen lag die Achse des Schmiedestückes stets in einer geraden Linie; sobald sie von dieser abweichen soll, muß das Werkstück gebogen bzw. gekröpft werden.

38. Vorgang beim Biegen. Das Biegen wird meistens auf eine kurze Stelle *a c* (Abb. 116) beschränkt; die daran anschließenden Enden bleiben gerade. In Abb. 117 ist die gebogene Stelle größer herausgezeichnet. Man erkennt, daß sie nach einem Kreisbogen mit dem Radius r gekrümmt ist, wobei O der Krümmungsmittelpunkt, α der Biegungswinkel ist. Die von O am weitesten entfernte, äußerste Faser wird mit dem Radius r_a, die am nächsten liegende, innerste, mit dem Radius r_i gebogen. Nur die mittlere Faser — genauer, die durch den Schwerpunkt gehende — behält beim Biegen ihre Länge bei und heißt deshalb „neutrale Faser". Alle Fasern oberhalb der neutralen werden beim Biegen verlängert, um so mehr, je weiter sie nach außen liegen, am meisten die äußerste; alle Fasern unterhalb der neutralen werden verkürzt, um so mehr, je weiter sie nach innen liegen, am meisten die innerste. Den Verlängerungen bzw. den Verkürzungen entsprechen die Spannungen: sie sind in der neutralen Faser gleich Null und wachsen von dort nach außen und innen. Außen Zugspannungen (σ_1), innen Druckspannungen (σ_2), wachsend mit α und δ, ihrer Größe nach berechenbar. Das gilt allerdings nur für das elastische Biegen, also z. B. für das Biegen von kaltem Stahl um einen nicht sehr großen Biegungswinkel. Für das plastische Warmbiegen gilt das nicht, bzw. man kennt für diesen Fall die Größe und die Verteilung der Spannungen, soweit sie vorhanden sind, nicht genauer. Wichtiger aber ist folgendes: während beim elastischen Biegen nicht nur alle Querschnitte eben bleiben, sondern auch ihre Form und Größe ungeändert behalten, trifft das beim plastischen nicht mehr zu, zum mindesten nicht für die Form. Der warme Stahl kann Spannungen nur in geringem Maße widerstehen, ändert vielmehr unter ihrem Einfluß seine Form: die Querschnitte der Biegungsstelle werden von der neutralen Faser nach außen hin unter Wirkung der Zugspannungen, die ein Recken verursachen, schmaler, nach innen hin unter Wirkung der Druckspannungen, die ein Stauchen verursachen, breiter. Zugleich tritt eine Verschiebung des ganzen Querschnittes gegenüber der ursprünglichen neutralen Faser nach innen ein. Infolgedessen verformt sich ein Kreisquerschnitt nach Abb. 118, ein rechteckiger nach Abb. 119. Dagegen bleibt — entgegen der bei den Schmieden meist verbreiteten Meinung — die Größe des gebogenen Quer-

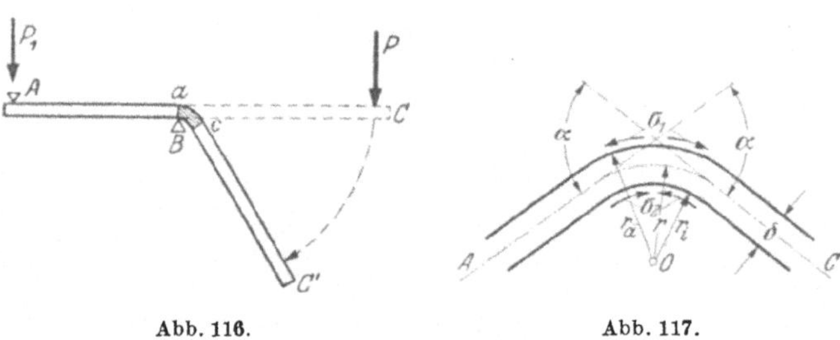

Abb. 116. Abb. 117.

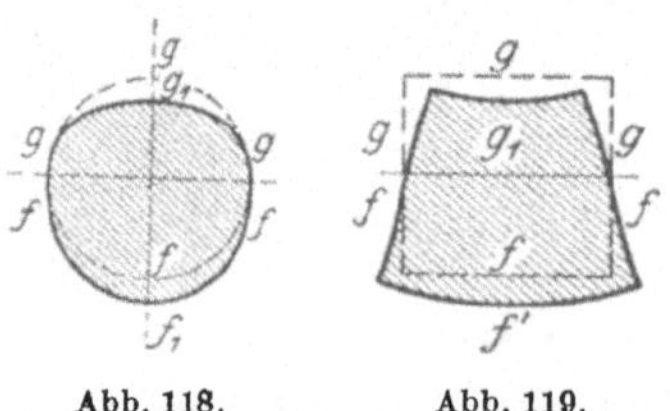

Abb. 118. Abb. 119.

schnitts unverändert, wie viele Versuche gezeigt haben. Nur dann, wenn der Schmied den Querschnitten an der gebogenen Stelle wieder die alte — genau runde oder rechteckige — Form geben will, tritt durch die Streckwirkung beim Schmieden eine Verringerung der Querschnitte ein. Durch die Verformung an sich kann allerdings auch die Widerstandsfähigkeit des Querschnitts leiden, weil z. B. der elliptische Querschnitt gegen Biegungsmomente in der kleinen Achse weniger widerstandsfähig ist als der gleichgroße runde.

39. Freies Biegen. Um den Stab AB (Abb. 120) bei B zu biegen (C nach C'), bedarf es einer Kraft P, deren Größe einmal von dem Formänderungswiderstand bei B abhängt, sodann von der Länge des Hebelarms BC: je länger BC, um so kleiner ist unter sonst gleichen Umständen P, weil das Biegungsmoment $P \cdot BC$ eine bestimmte Größe haben muß. Ihr gleich ist das Moment $P_1 \cdot AB$, so daß sich die Kraft, mit der der Schmied den Stab festhalten muß, ergibt zu $P = P_1 \cdot AB : BC$.

Beim Biegen auf dem Amboß erhält der Schmied eine einigermaßen scharfe Ecke, wenn er um die Kante biegt, eine runde, wenn er um das Horn biegt. Abb. 120 zeigt das Biegen im Schraubstock: die Biegung liegt vor der Schraubstockkante B.

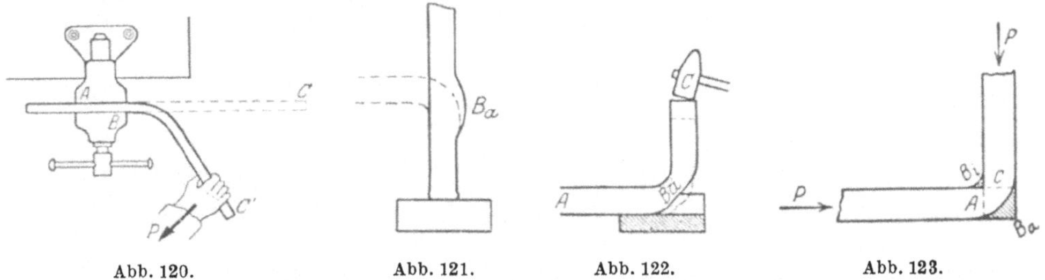

Abb. 120. Abb. 121. Abb. 122. Abb. 123.

Damit das Strecken und Drücken nicht auf die geraden Stabenden übertragen wird, soll nur der zu biegende Teil des Stabes erhitzt werden. Sind die Stabenden, die gerade bleiben sollten, doch im Ofen warm geworden, so sind sie zweckmäßig durch Wasser abzukühlen. Viele Schmiede benutzen den Kniff, beim Biegen entweder die äußere Biegungszone abzukühlen oder die innere, je nachdem sie die Profilform dieser oder jener zu bewahren wünschen. Indem sie der betreffenden Zone dadurch einen größeren Widerstand verleihen, wird die neutrale Achse nach der wärmeren Seite hin verschoben. Will man an der gebogenen Stelle einen verstärkten Querschnitt haben, sei es um den Widerstand gegen Aufbiegen oder dergleichen zu vergrößern, sei es, um nach dem Zurückschmieden der Verformung keinen Querschnitt kleiner als den ungebogenen zu erhalten — kann man ihn vorher anstauchen (Abb. 121). Man staucht auch während des Biegens (Abb. 122) und nach dem Biegen (Abb. 123), z. B. wenn man einen scharfen Winkel haben will (in Abb. 123 muß der Werkstoff B_a durch Stauchen herangeholt, der Werkstoff B_i durch Strecken entfernt werden).

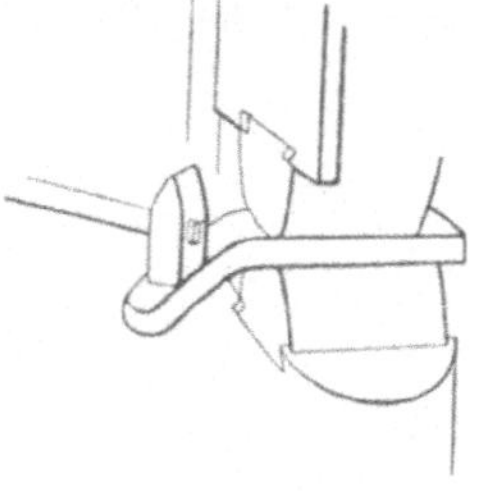

Abb. 124.

Gewöhnlich wird mit Biegen und Stauchen abgewechselt, indem man um einen kleinen Winkel biegt und dann wieder staucht, bis der gewünschte Biegungswinkel erreicht ist. Der Drang wird jedesmal zurückgeschmiedet.

Bei stärkeren Querschnitten sind diese Handhabungen aber sehr schwierig auszuführen, auch mit Maschinenkraft nur bis zu einer gewissen Grenze. Bei stärkeren Werkstücken versagt die Menschenkraft namentlich dann, wenn die Hebelarme kurz werden. Bietet der Schraubstock nicht mehr genügend Widerstand, so wird der Dampfhammer oder die Presse zu Hilfe genommen, indem man das Werkstück zwischen Hammer und Amboß spannt (Abb. 124).

40. Biegen im Gesenk. Obgleich diese Art des Schmiedens in dem Heft 31 (Gesenkschmiede) besonders besprochen ist, soll das Biegen im Gesenk und mit der Biegemaschine hier so weit behandelt werden, wie es das einfache Biegen von Stäben betrifft, deren Querschnitt absichtlich nicht umgeformt wird.

Wenn man einen Stab auf die beiden Stützpunkte A und B (Abb. 125) legt und zwischen ihnen mit dem Stempel C auf den Stab mit der Kraft P drückt, so biegt sich der Stab. Die Stützpunkte A und B kann man derartig miteinander verbinden, daß sie eine Form bilden, die die Umrißlinien der gewünschten äußeren Biegungsform des Werkstückes hat (Abb. 126). Dann gibt man dem Stempel die Gestalt der *inneren* Biegungsform. Hierbei ist darauf zu achten, daß Stempel wie Gesenk (oder Matrize) sich dem „Profil des Stabes im warmen Zustande" anschmiegen, um keine Verdrückungen des Profils zu erhalten. Die anfänglichen Stützpunkte A und B sind abzurunden, am richtigsten nach einer Abwälzungskurve. Diese Art des Biegens ist in der Massenfertigung angebracht. Damit man nicht jedesmal die Länge des Schenkels cb' abzumessen hat, macht man bei b am Gesenk einen Anschlag.

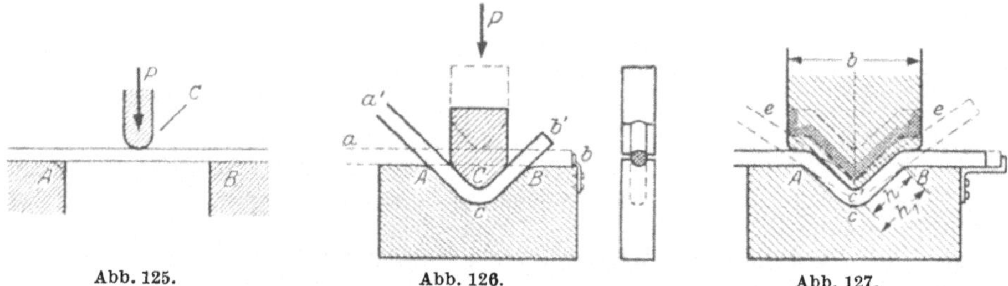

Abb. 125. Abb. 126. Abb. 127.

Soll eine Kröpfung erzielt werden wie Abb. 127, so ist es stets besser, wenn man vorerst nach Abb. 126 biegt und dann erst die Schenkel a' und b' im zweiten Gesenk zurückbiegt, weil nämlich die Ecken e, e des Kröpfungsstempels bereits die Schenkel zurückzubiegen anfangen würden, ehe der tiefste Punkt c von dem Scheitel c' des Stabes erreicht wäre. — Ist der Unterschied zwischen h und h_1 groß, so wird der Stab über A und B in das Gesenk hineingezogen. Diese Ecken müssen daher gut abgerundet und mit Graphit (Graphit mit Öl) geschmiert sein, sonst kann es vorkommen, daß die Schenkel Ac und Bc gereckt werden und ihren Querschnitt verringern. Das Abrunden und Schmieren gilt ebenso von den Ecken e, e des Stempels. Bei gut vorgewärmtem Stoff, glattem Gesenk und Stempelformen wird diese Art des Biegens vielfach bis zu einer gewissen Stärke des Querschnittes ausgeführt. Es ist erklärlich, daß der Querschnitt des zu biegenden Stabes von der Festigkeit des Gesenkes begrenzt wird, vorausgesetzt, daß die betreffende Biegevorrichtung den erforderlichen Druck hergibt.

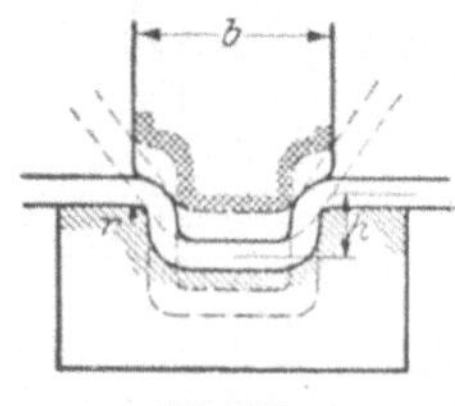

Abb. 128.

In viel größerem Maßstabe treten die eben geschilderten Mängel beim Kröpfen von Formen, wie Abb. 128 u. 129 auf. Man wendet hierbei besser die Vorkröpfung (Abb. 130) an. Bei Kröpfungen mit rechtwinkligen Biegungen (Abb. 128) ist es schon besser, wenn man saubere Arbeit erreichen will, zuerst im Gesenk (Abb. 130) vorzubiegen, dann im Gesenk (Abb. 131) nachzubiegen und zum Schluß im Gesenk (Abb. 128) fertigzubiegen.

Selbst tiefe Kröpfungen und solche mit parallelen Flanken können in einem Druck ohne Vorformen hergestellt werden in Vorrichtungen, wie Abb. 132 eine zeigt für eine Kröpfung mit vier Biegungen. Das gewärmte Rundeisen wird an den

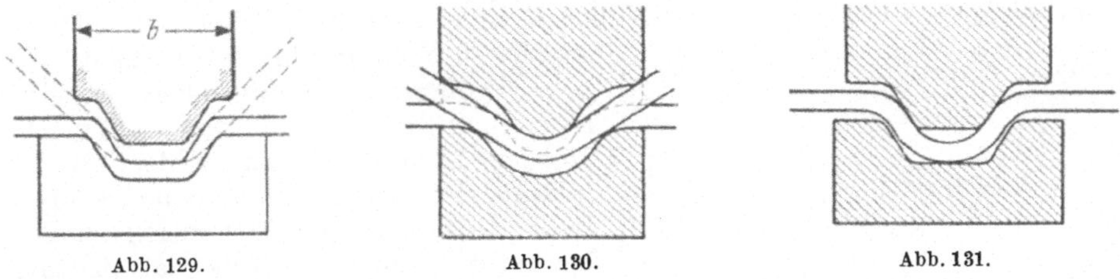

Abb. 129. Abb. 130. Abb. 131.

Anschlag angestoßen und durch das Haltestück H fest angepreßt. Die beiden Stössel D schieben dann die Backen C, die um die Punkte m schwenken können, vor sich her. Das Rundeisen wird in die Ecken E, E, F, F regelrecht hineingefaltet.

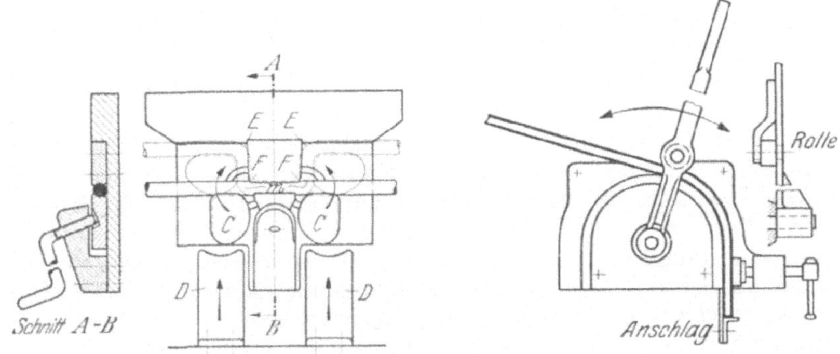

Abb. 132. Biegevorrichtung mit schwenkbaren Backen. Abb. 133. Biegevorrichtung mit Rolle.

An den Biegestellen wird das Eisen durch die Verformung der Querschnitte etwas geschwächt.

Handelt es sich um kreisförmige Biegungen von größerem Radius, so wird mit Vorteil mit der Rolle gebogen. Abb. 133 zeigt eine solche Vorrichtung, die keiner weiteren Erläuterung bedarf.

H. Verdrehen.

Radiale Ansätze in verschiedenen Ebenen eines Schmiedestückes werden in einer Ebene geschmiedet und nachträglich in die vorgeschriebene Lage verdreht. So werden vor allem Kurbelwellen geschmiedet, wie auch andere Werkstücke des allgemeinen Gebrauchs (Abb. 134). Durch mehrfaches Verwinden werden weiter hergestellt: Schlangenbohrer (Abb. 135) und auch wohl Spiralbohrer u. dgl.

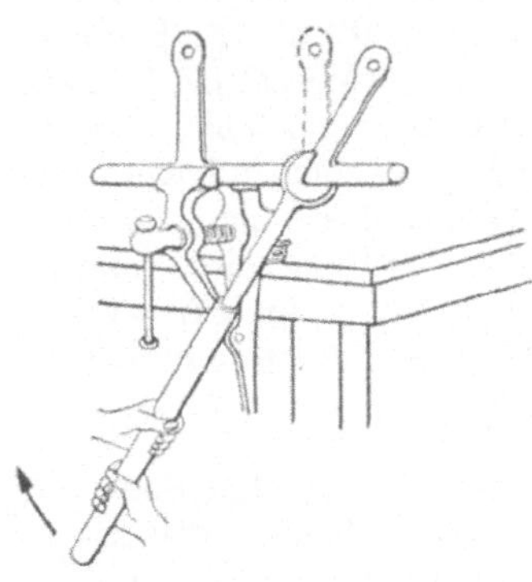

Abb. 134.

Abb. 135.

41. Verformung und Spannungen. Denken wir uns den zu verdrehenden zylindrischen Stab (Abb. 136, *I*) aus lauter dünnen Stäbchen bestehend, so sollen folgende Fälle unterschieden werden:

1. Die Stäbchen können vollkommen zwanglos ihre Lage ändern. Dann wird beim Verdrehen nur das mittlere Stäbchen seine Lage beibehalten, alle anderen werden zu Schraubenlinien verwunden, mit um so größerem Neigungswinkel α, je weiter sie nach außen liegen. Dadurch nimmt die Höhe h, um die die Endpunkte der Stäbchen voneinander entfernt sind, entsprechend ab, in der Mitte gar nicht, am meisten außen, bis auf h' (Abb. 136, *II*), so daß die Endflächen statt der ebenen Kreisfläche nun Kegelflächen bilden. Weil dadurch Volumen wegfällt, muß der Durchmesser des Zylinders zunehmen, denn das Gesamtvolumen des Stückes bleibt immer gleich.

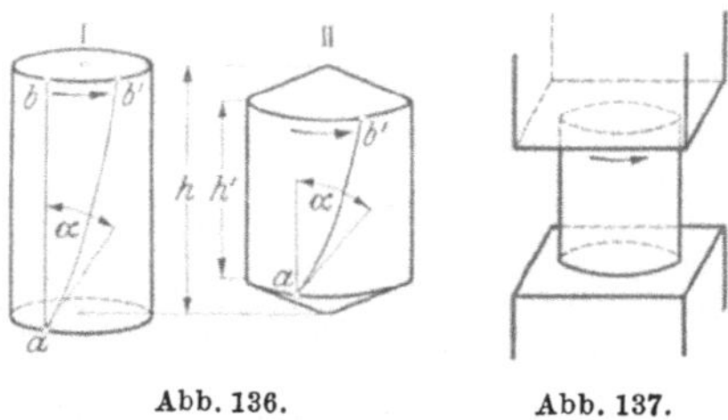
Abb. 136. Abb. 137.

2. Die Stäbchen hindern einander mehr oder weniger. Beim Verdrehen treten Spannungen auf, außen Zug, innen Druck, so daß die Höhe h etwas kleiner, h' etwas größer wird als im Fall 1.

3. Die Stäbchen werden gezwungen — z. B. durch starr anliegenden Werkstoff (Abb. 137) — mit ihren Enden in den ebenen Kreisflächen zu bleiben, statt Kegelflächen zu bilden. Dadurch entstehen außen erhebliche Verlängerungen, also größere Zugspannungen als im Fall 2, im Innern Verkürzungen, also Druckspannungen.

Die Vorkommnisse in der Werkstatt entsprechen grundsätzlich den Fällen 2 und 3, doch liegen sie dadurch noch verwickelter, daß die Temperatur und damit die Widerstandsfähigkeit gegen Verformung in den Schichten des Werkstückes nicht überall gleich ist. Denn einmal hat man keine Sicherheit, daß im Ofen der Kern so warm geworden ist wie die Außenschicht, sodann wird diese beim Verdrehen ständig kühler. Im ungünstigen Fall wachsen außen die Zugspannungen so stark an, daß Risse entstehen.

42. Verdrehen kurzer Stücke. Solange die Verdrehungslänge ein mehrfaches des zu verdrehenden Durchmessers (Querschnittes) ist, ist die Verformung meist gering und der Werkstoff wird nicht übermäßig beansprucht. Es werden jedoch heute Kurbelwellen gebaut, bei denen das Verhältnis zwischen Lagerstellendurchmesser D und -länge L gleich 1:0,6 ist (Abb. 138). Eine solche Welle muß vor der Bearbeitung verdreht werden, mit einer Schnittzugabe von 10···25 mm auf der Lagerstelle und 8···20 auf den Flanken. Dadurch verschlechtert sich das Verhältnis $D:L$ auf etwa 1:0,5. Aber dabei bleibt es noch nicht: Beobachtet man das Verdrehen einer solchen Lagerstelle, so stellt man schnell fest, daß sie nicht über die ganze Länge gleichmäßig verdreht wird, sondern nur etwa zwischen den Punkten $xy = L''$. Von x nach a und von y nach b steigt der Durchmesser infolge der Hohlkehlen an, und der Widerstand, der sich der gewaltsamen Verformung entgegenstellt, wächst. Man kommt deshalb günstigenfalls auf ein Verhältnis von $L'': D = 1:0,45$. Auch ist es nicht in allen Fällen möglich, die Lagerstelle von a bis b vollständig gleichmäßig durchzuwärmen. Meistens sind die Strecken ax und yb kälter als die Strecke xy.

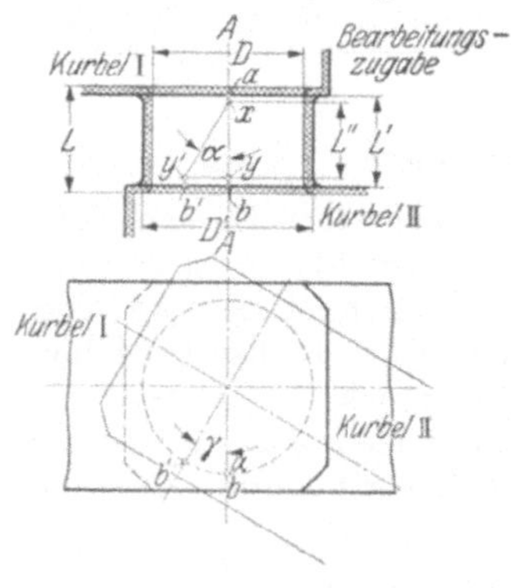

Abb. 138.

An der Länge der zu verdrehenden Stelle kann der Schmied in der Regel nichts ändern. Um diese Länge aber auf das größtmögliche Maß zu bringen, müssen die Radien in den Ecken sorgfältig bestimmt werden. Zweckmäßig wird das Stück außerdem so angewärmt, daß die ganzen Teile neben den Verdrehungsstellen gut mit warm sind.

Aus den vorstehenden Überlegungen erhebt sich die Frage: wieweit kann ein Stück verdreht werden, ohne den Werkstoff zu überanstrengen?

Bezeichnet man den Drehwinkel, d. i. der Winkel, um den in der Draufsicht ein Punkt, radial gemessen, verdreht wird, mit γ, z. B. in Abb. 138 die Verdrehung des Punktes b nach b', so wächst der Verdrehungswinkel α mit Zunahme von γ, mit Zunahme des Drehdurchmessers D und mit Abnahme der Drehlänge L''. Es kann also auch bei geringem γ der Winkel α sehr leicht erheblich groß werden. Versuche haben ergeben, daß keine Überbeanspruchung des Werkstoffes zu befürchten ist, solange α kleiner als etwa 36° bleibt. Der Winkel α hat mit dem sog. Verschränkungswinkel der Kurbelwellen nichts zu tun! Das Werkstück soll möglichst gleichmäßig durchgewärmt sein und bei Temperaturen zwischen etwa 1100 und 900° verdreht werden. Wieweit unzweckmäßige Formgebung der zu verdrehenden Stelle die Ursache für Werkstoffüberbeanspruchung sein kann, geht aus Abb. 139 hervor. Im rechten Teil dieser Abbildung ist die Verdrehungsstelle einer Kurbelwelle im vorgedrehten Zustand vor dem Verdrehen wiedergegeben, wie man sie noch häufig in den Schmieden sehen kann. Die Bearbeitungszugabe (in der Abbildung schraffiert) und die Hohlkehlen sind viel zu groß gewählt. Die Länge L'' wird sehr kurz und damit der Verdrehungswinkel α (Abb. 138) sehr groß. Die Verdrehungen finden hier selbst bei bester Durchwärmung nur an der Stelle des kleinsten Widerstandes statt, also zwischen den Punkten CC; man vergleiche die Längen L'' in den beiden Darstellungen. Die Verdrehungsstelle im linken Teil der Abbildung ist in der Mitte stärker gehalten aus folgenden Überlegungen:

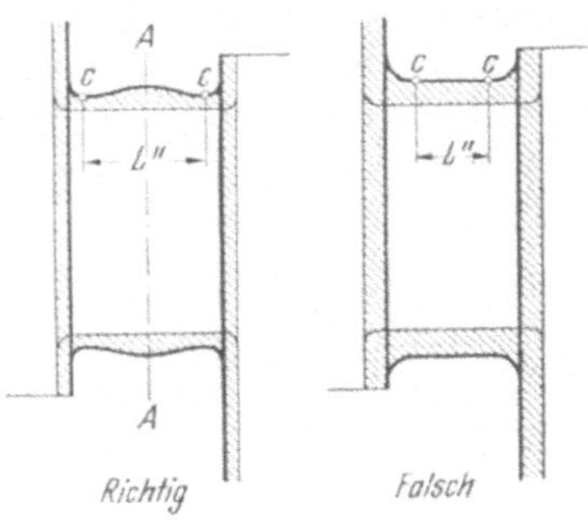

Abb. 139.

Bei der Durchwärmung einer zu verdrehenden Kurbelwellenlagerstelle wird die Mitte des Zapfens (Achse AA) stets früher auf Schmiedetemperatur sein und eine bessere Durchwärmung erfahren als die übrigen Teile, wobei noch zu berücksichtigen ist, daß die Wangen sich infolge der Wärmeableitung auch viel schlechter durchwärmen.

Die Bearbeitungszugabe ist auf ein Geringstmaß festgelegt. Die Hohlkehlen sind so klein wie möglich gewählt. Zur Verdrehung steht jetzt eine Länge zur Verfügung, die viel größer ist als im rechten Teil der Abbildung.

Zum Festhalten dienen je nach der Größe: Zange, Schraubstock, Hammer oder Presse. Bei den Pressen wird das Stück zwischen Ober- und Untersattel festgehalten. Verdreht wird durch Menschen- oder Maschinenkraft (Kran); für Sonderfälle stellt man besondere Verdrehungsvorrichtungen her.

Mehr als bei anderen Schmiedeteilen ist es notwendig, Stücke, die verdreht wurden, auszuglühen, um die Spannungen vollständig zu entfernen. Die Stücke werden bis über den oberen Umwandlungspunkt, das ist etwa 800···840°, erwärmt, um bei abgestelltem Ofen langsam zu erkalten.

I. Schweißen.

Oft kann die gewünschte Form durch Schmieden nur erreicht werden, wenn man einzelne Teile zusammenschweißt. Auch ist das Schweißen oft bequemer und billiger.

43. Bedingungen für das Schweißen. Das Feuerschweißen — und nur von diesem soll hier die Rede sein[1] — verlangt: hohe Temperatur, starken Druck (Schlag) und metallische Reinheit der zu verbindenden Oberfläche.

Die Schweißtemperatur beträgt etwa 1300°, richtet sich aber etwas nach der Zusammensetzung. Ausreichender Druck kann für größere Stücke nur durch Hammer oder Presse erzeugt werden. Die metallische Reinheit endlich verlangt in vielen Fällen die Verwendung eines besonderen Schweißpulvers.

44. Schweißpulver. Das Eisen hat eine große Verwandtschaft zum Sauerstoff, so daß sich seine Oberfläche mit ihm in verschiedenen Verhältnissen verbindet, sobald sie mit ihm in Berührung gerät. Diese Verbindungen, wenn sie bei höherer Temperatur entstehen, nennen wir Zunder, Glühspan oder Hammerschlag. Sie bilden eine Schicht auf der Oberfläche des Eisens, die von den zu schweißenden Flächen vorher entfernt werden muß, damit die reinen Eisenflächen sich berühren können. Nun gibt es Stoffe, die diese Eisenoxyde entweder auflösen oder ihnen den Sauerstoff entziehen, d. h. sie reduzieren. Das sind Kieselsäure und Borax als auflösende, und Mangan (auch Phosphor) als Sauerstoff aufnehmende (reduzierende) Stoffe. Die ersten haben noch den Vorzug, daß sie allein oder in Lösung mit Eisenoxyd einen niedrigeren Schmelzpunkt haben als das Eisen. Während also das Eisen noch fest ist, sind diese Stoffe in der Schweißhitze bereits flüssig, was ein weiterer Vorteil der hohen Schweißtemperatur ist.

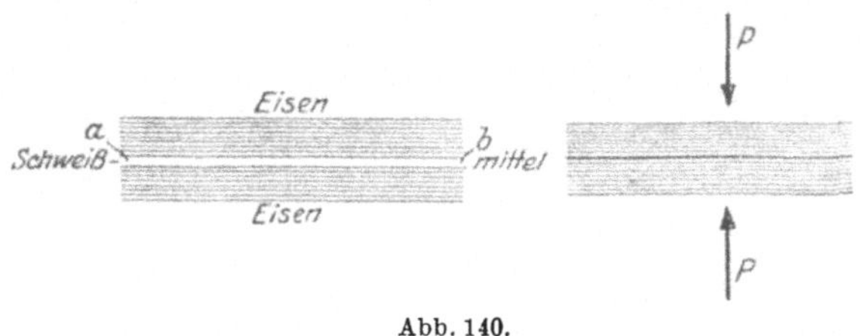

Abb. 140.

Bringen wir also eins dieser Schweißmittel, Borax oder Kieselsäure (Schweißsand), auf die hochgradig erhitzten Eisenflächen, so überziehen diese sich mit einer flüssigen Schicht der erwähnten Stoffe, die den Sauerstoff der Eisenoberfläche aufschlucken. Unter dieser Schicht ist reines Eisen. Legen wir jetzt die Eisenflächen aufeinander und pressen sie mit starkem Druck oder Schlag zusammen, so wird das flüssige Schweißmittel bei *a* und *b* (Abb. 140) herausfließen und die reinen Eisenflächen werden sich berühren.

Für kleine Schmiedestücke, z. B. Zugstangen und ähnliche Teile, die man unter dem Dampfhammer schweißt, benutzt man in den meisten Fällen Schweißsand.

45. Güte der Schweiße. Würde es gelingen, die Oxyde bzw. das Schweißmittel vollkommen zu entfernen, so daß sämtliche Teilchen der Eisenoberfläche miteinander in Berührung kämen, so würde die Schweißstelle nur mikroskopisch nachzuweisen sein. Es wären dann wirklich zwei Teile des Stoffes zu einem vereinigt worden, der sich in seinen Eigenschaften (außer der Form) in nichts von seinen Teilen unterschiede. Eine derartige Schweißung könnte man eine 100%ige nennen. Nun sind wir aber sehr weit entfernt davon, eine solche Schweißung in knetbarem Zustande zu erreichen. Durch die Unebenheit der Flächen wird zwischen ihnen etwas von dem flüssigen Schweißmittel als Schlacke zurückbleiben, die das Gefüge unterbricht, wie es in Abb. 141 schematisch dargestellt ist. Diese Schlacken-

[1] Betr. Schmelzschweißen siehe die Werkstattbücher Heft 13: Gasschweißen, Heft 43 u. 74: Lichtbogenschweißen, Heft 73: Widerstandsschweißen.

rückstände verringern im Verhältnis ihrer Menge die Gesamtfestigkeit der Schweißstelle *a b*, und man ist nicht imstande, eine höhere als 85···90%ige Schweißung zu erreichen.

Wenn wir uns den Stab aus einem Bündel von Fasern zusammengesetzt denken, so ist derjenige Stab am besten geschweißt, bei dem am wenigsten Fasern durch Schlackenteilchen unterbrochen sind. Bei den beiden Stäben *I* u. *II* (Abb. 141)

Abb. 141.

sei genau dieselbe Anzahl von Schlackenteilchen zurückgeblieben. Trotzdem sind bei *I* sechs Fasern, bei *II* nur drei unterbrochen, so daß also *II* viel besser geschweißt ist. Es ist also wichtig, wie die Schlackenteilchen im Eisen verteilt sind. Eine gute Verteilung erhält man durch kräftiges Durchkneten des Eisens; es verhindert, daß ganze Schlackenklumpen an einer Stelle aufgehäuft bleiben und ganze Bündel von Fasern in ihrem Zusammenhang stören. Durch das oben erwähnte Strecken des Eisens werden die beiden Schweißenden ineinander verschoben und die Schlakkenteile dabei mitgerissen.

46. Arten der Schweißung. Auf der eben geschilderten Verteilung der Schlacken- und Oxydrückstände auf einen größeren Raum beruht teilweise die alte Praxis beim Schweißen, die Stabenden nicht stumpf (Abb. 142, *I*), sondern schräg, überlappt (Abb. 142, *II*), zusammenzufügen, um die Schweißstelle strecken zu können.

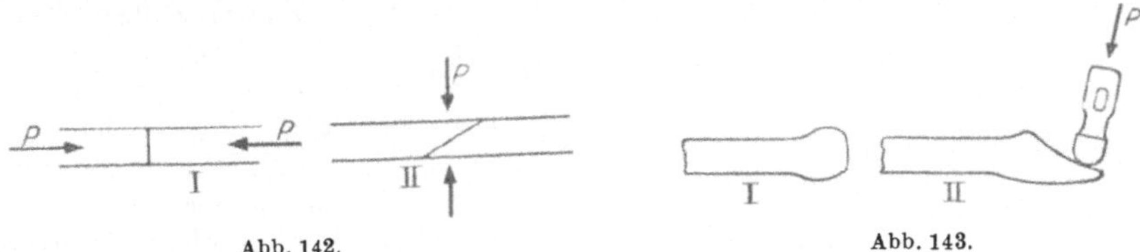

Abb. 142. Abb. 143.

Im Falle *I* kann nur gestaucht werden, weshalb solche Stumpfschweißungen stets minderwertig bleiben gegenüber *II*, auch wenn die sauber geschnittenen Schweißflächen im kalten Zustande dicht zusammengedrückt (um Luftzutritt zu vermeiden) und elektrisch auf Schweißhitze erwärmt werden.

Der Querschnitt der Schweißstelle ist wegen des Streckens anfänglich stärker zu nehmen, damit er nachher nicht zu schwach ist. Beim Walzstab staucht man also vorerst das Schweißende an (Abb. 143, *I*) und streckt die Schräge ab, gewöhnlich mit dem Ballhammer (Abb. 143, *II*). Dann bringt man beide Enden ins Feuer von guter Schmiedekohle und bläst scharf, indem man die Schweißenden gut mit Kohle bedeckt, bis weiße Sternfunken geradlinig spritzen, gibt Schweißsand auf die Schweißflächen, ohne sie aus dem Feuer zu entfernen und beobachtet, bis der Sand fließt, das Funkenspritzen wieder beginnt und die richtige Schweißhitze (Weißglut) erreicht ist. Dann ergreift der Feuerschmied den einen Teil, der Gehilfe den anderen, sie schwenken mit kurzem Ruck in der Luft das überflüssige Schweißmittel ab und legen die Schweißenden übereinander, worauf der Feuerschmied sie mit kräftigen kurzen Hammerschlägen zusammendrückt. Wenn die beiden Enden zusammenkleben und halten, ergreift der Zuschläger den Vorschlaghammer und schmiedet die Schweißstelle kräftig und schnell durch (Abb. 144), während der Schmied das Eisen auf dem Amboß wendet und mit dem Handhammer vorschlägt, bis die gewünschte Form erreicht ist (Abb. 145).

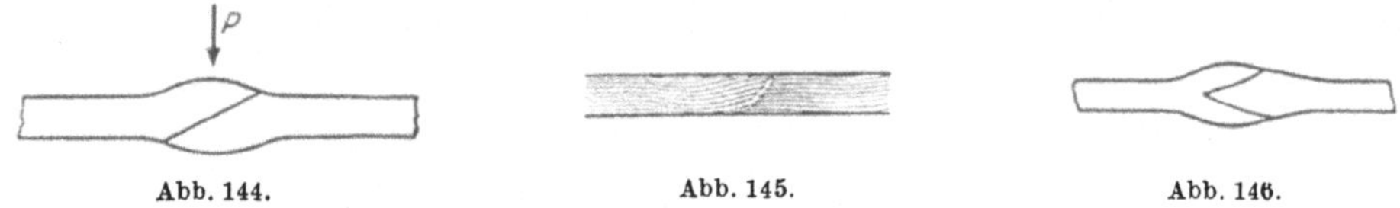

Abb. 144. Abb. 145. Abb. 146.

Das ist die übliche Art der Handschweißung. Bei großen Schmiedestücken gibt man den Enden die Formen von Abb. 146 und schirrt die Stücke vorher ein, d. h. man spannt sie mit Laschen und Schrauben an der Schweißstelle zusammen. Ist dann außen die Schweißhitze erreicht, zieht man die Schrauben an und wiederholt das, wie die Hitze nach innen vorschreitet, bis die Enden verbunden sind. Dann wird das Stück mit Kranen zum Dampfhammer gebracht und gut durchgeschmiedet. Jetzt werden in der Regel die Laschen und Schrauben abgenommen, jedoch wird bei großen Stücken ein zweites und drittes Mal geschweißt und durchgeschmiedet.

Beim Schweißen gilt die Regel, daß man die Schweißnaht stets so vorbereitet und verlegt, daß man das Stück bequem zwischen Hammer und Amboß bekommen kann. Der Seilrahmen (Abb. 147, *I*) hat zwei Schweißstellen, die in die Mitte des Stückes zu legen sind. Um die erste Stelle schweißen zu können, werden die Stücke auf der der Schweißstelle gegenüberliegenden Seite gut mit einer Lasche verbunden (Abb. 147, *II*). Mit dem gewöhnlichen Hammerwerkzeug kommt man nun aber an die Schweißstelle nicht heran; Ober- und Untersattel müssen deshalb einseitig hergestellt werden (Abb. 147, *III*). Auch die Anordnung des Schweißfeuers zum Hammer und ihre Entfernung ist wichtig. Die Schweißhitze dauert nur einige Sekunden, in denen die Schweißstelle überschmiedet werden muß.

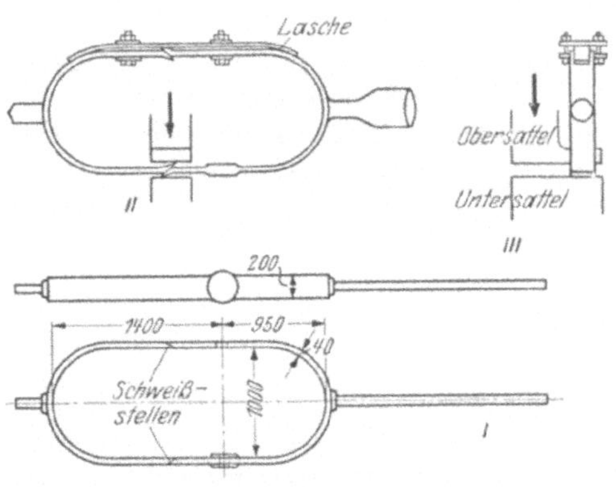

Abb. 147. Schweißen eines Seilrahmens.

47. Die Schweißbarkeit des Stahls. Nicht alle Stahlsorten sind gleich gut schweißbar. Es soll nun untersucht werden, wodurch die Schweißbarkeit behindert wird.

Das chemisch reine Eisen hat die größte Schweißbarkeit, so daß man sagen kann, daß jede fremde Beimischung die Schweißung beeinträchtigt, allerdings in ganz verschiedenem Grade.

Die Schwierigkeit, eine genaue Aufklärung über den Grad der Beeinträchtigung des Schweißens durch die verschiedenen Beimischungen zu bekommen, liegt hauptsächlich daran, daß man es stets zu gleicher Zeit mit mehreren Bestandteilen im Eisen zu tun hat. Man kann deshalb nicht sagen, daß ein bestimmter Kohlenstoffgehalt allein die Schweißbarkeit behindert, denn oft ist es nicht möglich, ein Eisen bei geringerem Kohlenstoffgehalt zu schweißen, wenn andere Bestandteile zugegen sind.

Mit wachsendem Kohlenstoffgehalt nimmt die Schweißbarkeit ab. Man kann im allgemeinen sagen, daß man für gutes Schweißen über 0,13% Kohle nicht hinausgehen soll. Bei kleineren Stücken (Handschmiedestücken) kann man allerdings bis 0,20% zulassen. Wenn behauptet wird, daß das Eisen gut feuerschweißbar sei bis 0,3% Kohle und sogar bis 0,5%, so ist das wohl auf den Umstand zurückzuführen, daß an den Schweißstellen bei der hohen Temperatur ein Teil des Kohlenstoffes verbrennt, so daß in der Schweißstelle ein geringerer Gehalt an Kohlenstoff, damit aber auch eine geringere Festigkeit erreicht wird. Man kann diesen Zustand bei hochgekohltem Eisen aber auch erreichen, indem man dem Schweißmittel weiche gekörnte Eisenabfälle (Spitzen aus der Nagelfabrikation od. dgl.) hinzufügt, so daß sich an der Schweißstelle eine Schicht niedriggekohlten Eisens befindet. Die meisten Stahlschweißmittel bestehen aus klargekochtem Borax und weichem Eisenkorn oder Eisenfeilspänen oder aus weichen Drahtsieben, die mit klargekochtem Borax überzogen sind (getaucht).

Der Mangangehalt des Stahls soll zwischen 0,43 und 0,8% betragen. Bei einem höheren Mangangehalt wird die Schweiße leicht dickflüssig, so daß Rückstände in der Schweißnaht zurückbleiben können.

Arsen und Schwefel beeinträchtigen die Schweißung in hohem Maße. Ihr Gehalt im Stahl soll 0,01 bzw. 0,03% nicht übersteigen. Günstiger verhält sich Phosphor. Doch verringert er in hohem Grade die Festigkeitseigenschaften des Stahls schon bei geringem Gehalt, so daß ein guter Stahl nur Spuren bis ∽0,04% enthalten darf. Bei höherem Phosphorgehalt kommt es sehr leicht vor, daß nach dem Schweißen der Stahl dicht neben der Schweißstelle bricht. Von den Schwermetallen beeinträchtigt Kupfer die Schweißung überhaupt nicht bei einem Gehalt bis zu 0,5%, Chrom und Wolfram dagegen stark bei gleichzeitigem hohem Kohlenstoffgehalt (sehr hohe Schweißtemperatur), Nickel dagegen bei mäßigem Kohlenstoffgehalt gar nicht, weil Nickel selbst schweißbar ist (Schweißmittel: Gemisch von Schweißsand und Borax). Bei der Auswahl des Brennstoffes ist auf möglichst geringen Schwefelgehalt zu achten, da sich sonst in der Schweißnaht Schwefelanreicherungen bilden, die eine gute Verbindung der Teile verhindern.

K. Putzen.

Unter Putzen versteht man in der Schmiede ein Bearbeiten des Schmiedestückes mit dem Warmschrot, dem Preßluftmeißel oder dem Spülbrenner zum Zwecke der Oberflächenfehlerbeseitigung oder Formgebung.

48. Oberflächenfehler sind stets Risse in irgendeiner Form, also Fehler, die sich beim Weiterverschmieden noch vergrößern oder beim Erkalten Ursache und Anfang für Spannungsrisse bilden können. Je früher solche Fehler erkannt und beseitigt werden, desto besser ist es. Oft sitzen diese Fehler an schlecht zugänglichen Stellen und nehmen sehr verschiedenartige Formen an, weshalb der Schmied die Ausputzmeißel in mehreren Formen und Größen vorrätig hält. Mit der Größe der Stücke wachsen auch die Putzmeißel, deren Handhabung nicht allein schwer, sondern auch unter Umständen gefährlich ist.

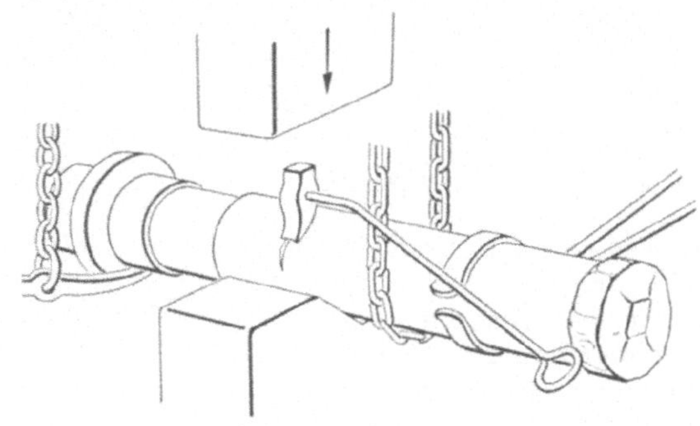

Abb. 148.

49. Die Putzarbeit ist zeitraubend und deshalb teuer, denn es gehört viel Geschick dazu, den Putzmeißel so anzusetzen, daß die Arbeit schnell geht und sauber wird (Abb. 148). Die Ausnutzung der aufzuwendenden Wärme ist unter Umständen sehr schlecht. Hier muß der Schmied sich entscheiden, was er unbedingt warm putzen muß und was zum kalten Putzen mit dem Preßluftmeißel belassen werden kann. Dieses Verfahren hat gegenüber dem warmen Putzen mit dem Warmputzmeißel unter Hammer oder Presse den Vorzug, daß man die Fehler besser beobachten und verfolgen kann und viel sauberere Arbeit liefert.

In den letzten Jahren gewinnt das Ausspülen mittels Wasserstoff oder Azetylen oder Koksgas und Sauerstoff immer stärker an Bedeutung. Die zum sog. Brennputzen verwendeten Brenner unterscheiden sich von den Schneidbrennern dadurch, daß die Düse in eine große Anzahl Löcher unterteilt ist, so daß je nach Bauart eine stärkere runde oder dickere breite Flamme entsteht (Abb. 149). Dem Brennputzen haften selbstverständlich die Mängel der autogenen Bearbeitung an, wie geringe Aufkohlung, unter Umständen Härtung der Putzflächen, Spannungsbildung und Bildung von Spannungsrissen. Man kann diese Mängel fast restlos vermeiden, wenn man das Brennputzen während oder im Anschluß an das Schmieden, also im warmen Zustand macht. Besonders in der Großschmiede, wo bei großen Blöcken oft Werkstoff in größeren Mengen fortgeputzt werden muß, ist das Brennputzen den anderen Verfahren überlegen.

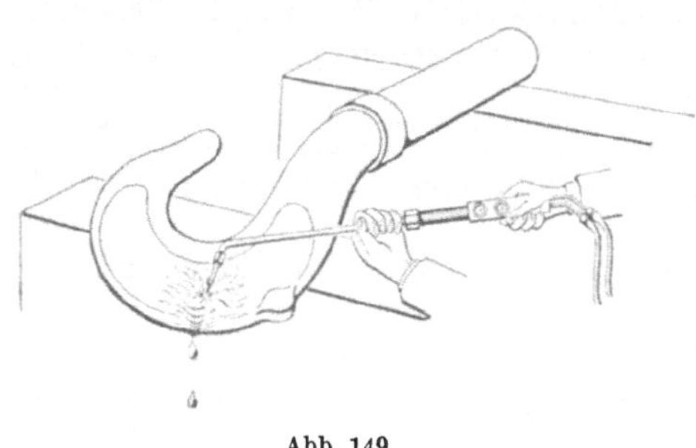

Abb. 149.

50. Formverbesserung durch Putzen. Zur Formgebung wendet man die vorstehend beschriebenen Verfahren ebenfalls an, und zwar bei Stücken, welche wegen ihrer verwickelten Formen schlecht auf spanabhebenden Maschinen bearbeitet werden können und solchen, bei denen die geringe Stückzahl oder Übergröße ein Gesenkschmieden nicht zuläßt, z. B. bei schweren Kranhaken, Steventeilen, Ruderschäften, größeren Mastbändern usw. Früher wurden solche Teile nach einem der Form entsprechenden Vorschmieden mittels Warmschrot (1 Schmied und 2 oder 3 Zuschläger) geputzt. Diese Arbeit war sehr zeitraubend. Viele Jahre übernahm dann das Waagerecht-Fräs- und Bohrwerk diese Putzarbeit. In der neueren Zeit schieben sich jedoch die beiden Verfahren Brennputzen und Nachputzen mittels Preßluftmeißel (Abb. 150) sehr stark in den Vordergrund. Das Brennputzen gibt zwar keine saubere und brauchbare Oberfläche; ein geschickter Brennputzer kann aber fast alle denkbaren Formen durch Fortspülen überstehenden Werkstoffes herstellen, so daß die Arbeit mit dem Preßluftmeißel auf ein Minimum verringert ist. Man kann auf diese Weise sauber und auch maßgerecht arbeiten.

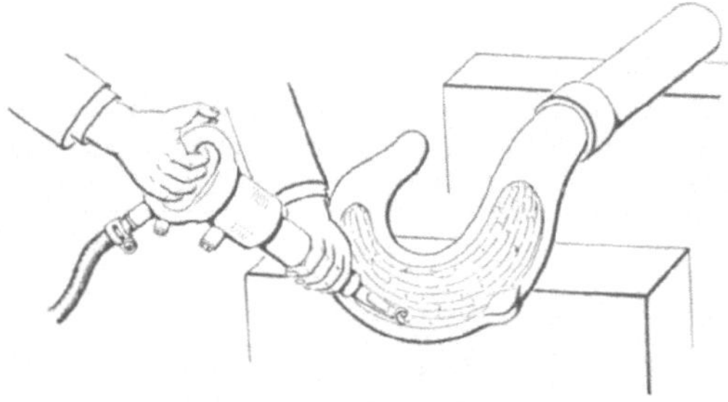

Abb. 150.

IV. Anwärmen und Abkühlen beim Schmieden.

Bearbeitet von Ing. **A. Stodt.**

In den Kapiteln I und II wurden bereits Angaben über Schmiedetemperaturen und Verformungseigenschaften der Werkstoffe gemacht. Hier gilt es nun weiter zu zeigen, wie die Werkstücke oder Blöcke auf die Schmiedetemperatur erwärmt und wie sie nach dem Schmieden abgekühlt werden müssen, damit der Werkstoff geschont wird und seine Sondereigenschaften erhalten bleiben.

51. Anwärmen. Wenn man von der elektrischen Widerstandserwärmung absieht, dringt bei allen Anwärmarten die Wärme von außen in das Stück ein. Aus dieser Erkenntnis ergibt sich: Die Anwärmung kann nur stattfinden, wenn ein Wärmegefälle vorhanden ist, d.h. die Temperatur der Wärmequelle (Kohlefeuer. Koksfeuer, Gasfeuer, Gasofen) muß stets höher liegen als die des Stückes.

Die Wärmeleitfähigkeit des Werkstoffes kann innerhalb des Stückes an allen Stellen als praktisch gleich angenommen werden. Punkte mit gleicher Entfernung von der Oberfläche erreichen deshalb unter gleichen Verhältnissen von Werkstückform, Werkstückdicke und Erwärmung zu gleichen Zeitpunkten die gleiche Temperatur, woraus sich ergibt, daß bei Stücken mit ungleichen Querschnitten die kleineren Querschnitte viel schneller durchwärmen als die stärkeren.

Die Schnelligkeit, mit der ein Stück angewärmt werden kann (also etwa die zweckmäßigste Höhe des Wärmegefälles), ist abhängig von der Wärmeleitfähigkeit des Werkstoffes und den Querschnittsabmessungen. Die höchste Wärmeleitfähigkeit hat unlegierter Kohlenstoffstahl. Niedrigere Wärmeleitzahlen haben der Reihe nach Siliziumstahl, Manganstahl, Kobaltstahl, Wolframstahl, Chromstahl, Chromnickelstahl, Nickelstahl. Bei Nickelstahl ist die Wärmeleitzahl bereits so gering, daß sie etwa die Hälfte derjenigen des Kohlenstoffstahles beträgt. Mit abnehmender Wärmeleitzahl nimmt die Zeit, welche für die Anwärmung benötigt wird, zu.

Von den Vorgängen, die mit steigender Temperatur ablaufen, sind folgende wichtig:

Die Festigkeit und die Streckgrenze steigen im allgemeinen bis etwa 300° leicht an, während Dehnung und Kerbzähigkeit nur anfänglich wenig, später aber dauernd abfallen[1].

Mit jedem Grad Temperaturerhöhung vergrößert der Werkstoff sein Volumen, d.h. er dehnt sich aus. Der Ausdehnungsbeiwert ist bei allen Stählen, trotz der verschiedenen Legierungen, etwa gleich. Er nimmt mit steigender Temperatur zu und beträgt (linear) von 0···100° 1,17 mm auf 1 m, von 0···700° 10,40 mm auf 1 m.

Wenn man den Körper (Abb. 151) mit einer Temperatur von etwa 20° in einen Ofenraum mit einer Temperatur von etwa 600° bringt, wird nach einer bestimmten Zeit ein Zustand erreicht sein, wie der unter a gezeigte: etwa gleich mit dem Rand verläuft eine Zone angewärmten Werkstoffes, dessen Höchsttemperatur außen beispielsweise 100° und dessen niedrigste Temperatur nach innen bei 20° liegt. Nach einer weiteren bestimmten Zeit ist die Wärme weiter in das Stück eingedrungen (Abb. 151b). Die Zone mit den Temperaturen zwischen 20 und 100° ist mehr zur Mitte hin gerückt, an ihrer Stelle liegt eine solche zwischen 100 und 200°. Während der schwächste Querschnitt schon seine ursprüngliche Temperatur verloren hat, hat bei den stärkeren Querschnitten die Wärme das Innere noch längst nicht erreicht. In Abb. 151c···d ist der Zustand angedeutet, wie er nach weiteren

[1] Vgl. Abschn. I. D. S. 10 u. f.

Zeiträumen eintritt. In Abb. 151 d ist im stärksten Querschnitt nur noch ein Rest mit der Anfangstemperatur vorhanden.

52. Auswirkung des Anwärmens auf die inneren Spannungen des Stückes. Nehmen wir an, das Stück sei im Zustand der Ursprungstemperatur praktisch spannungsfrei, so ergibt sich für den Zustand nach Abb. 151 a, daß sich in dem Gebiet der angewärmten Randzone infolge der Ausdehnung des Werkstoffes Druckspannungen bilden, weil der angewärmte Werkstoff an dem Bestreben, sich aus-

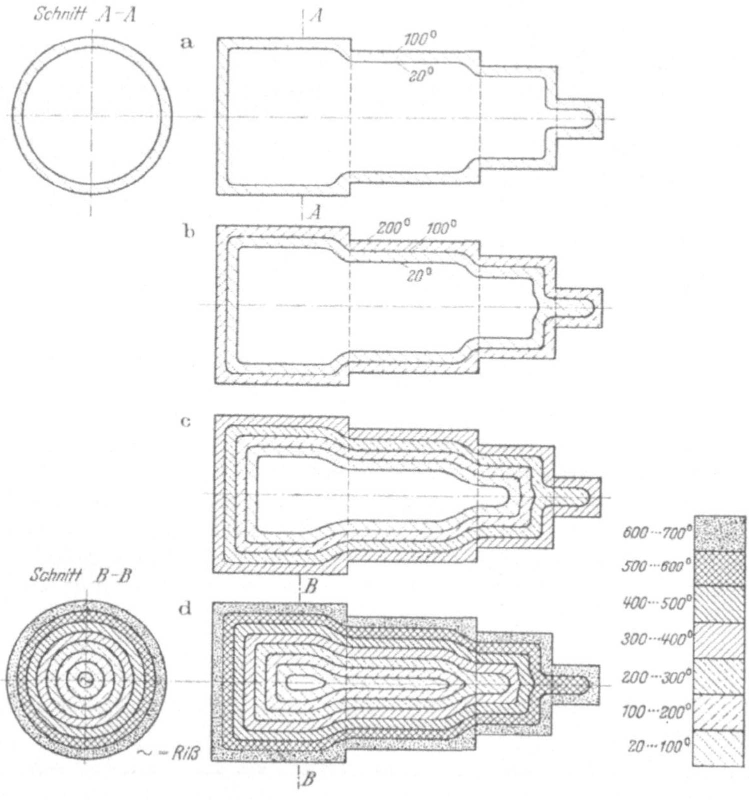

Abb. 151.

zudehnen, von dem ungewärmten Werkstoff gehindert wird. In dem Zustand, wie er in Abb. 151 b, dargestellt ist, hat mit der Vergrößerung der angewärmten Zone auch die Größe der Druckspannungen zugenommen, während im Innern entsprechende Zugspannungen herrschen. In Abb. 151 c und d nehmen schon die größten Teile des Querschnittes an der Ausdehnung teil. In der Kernzone, in welche die Wärme noch nicht eingedrungen ist, wirken die Zugspannungen einer Volumenvergrößerung der umgebenden Schicht entgegen. Die Summe der Druckspannungen überwiegt aber in diesem Zustand schon die Summe der möglichen, im ungewärmten Teil sich bildenden Zugspannungen. Streckgrenzen und Festigkeit werden überschritten. Der Spannungsausgleich erfolgt in der Weise, daß der Werkstoff von der Kernzone aus platzt. Um einen so unerwünschten Spannungsausgleich zu verhüten, muß der Werkstoff langsam angewärmt werden, so daß der Temperaturunterschied zwischen der Oberfläche und der Kernzone höchstens 100···200° beträgt. Die Anwärmung muß um so langsamer erfolgen, je niedriger die Wärmeleitfähigkeit ist. Es ergeben sich sonst in den der Wärme ausgesetzten Außenzonen Wärmestauungen und als deren Folge so hohe Druckspannungsspitzen, daß der Werkstoff schon zu Beginn des Anwärmevorganges reißt. Aus diesen Erkenntnissen läßt sich folgern:

Stücke mit großen Querschnitten oder solche mit hartem Werkstoff oder hohen Legierungsbestandteilen sind langsam, d. h. in ganz klar voraus festgelegter und während des Anwärmens genau kontrollierter Weise auf höhere Temperatur zu bringen. Die beim Anwärmen einzuhaltenden Zeiten richten sich nach der Spannungsempfindlichkeit des Stückes bzw. des Werkstoffes. Spannungen können sich nur bilden, solange der Werkstoff in geringem Maße plastisch verformbar ist, also etwa unterhalb 650°. Bei hohen Temperaturen haben Festigkeit und Streckgrenze so niedrige Werte erreicht, daß sich keine Spannungen bilden können; also alle Anwärm- und Abkühlvorgänge unterhalb 650° ganz besonders langsam durchführen. Die Temperatursteigerung endet mit der Erreichung der Schmiedetemperatur, und zwar zuerst in der Randzone, zum Schluß in der Kernzone.

Zum Schmieden braucht man je nach Werkstoffart eine Temperatur zwischen 1050 und 1280°; erinnern wir uns, daß der Stahl angewärmt wird, um ihn weich, d. h. plastisch verformbar zu machen. Je höher die Temperatur, je weicher der Stahl, um so weniger Arbeitsaufwand. Die Anwärmung oberhalb 650° verläuft ähnlich wie in Abb. 151 beschrieben. Die Randzone wird während der Anwärmzeit stets wärmer sein als das Innere.

Bei einer ordnungsmäßig ablaufenden Anwärmung stärkerer Querschnitte sind vier Abschnitte zu unterscheiden:

1. Anwärmen bis 650°;
2. Ausgleichen bei 650°;
3. Anwärmen von 650° bis zur Schmiedetemperatur;
4. Durchwärmen.

Bei kleinen Querschnitten kann Abschnitt 2 vernachlässigt werden. Hinsichtlich der Wärmespannungen ist das Gebiet bis 650° das gefährlichste. Je langsamer man in diesem Gebiet anwärmt, um so weniger Spannungen bilden sich und um so geringer ist die Rißgefahr.

Wie verschieden lang die Anwärmzeiten sind, geht aus dem folgenden hervor:

Die Temperatursteigerung beträgt bei weichen Stählen bis etwa 0,35 C und kleineren Abmessungen etwa bis 200 ⌀ 30···250° je Stunde und noch darüber. Mittelharte Stähle und größere Abmessungen lassen nur noch eine Temperatursteigerung von etwa 10···30° je Stunde zu, und bei härteren und sehr harten Stählen sinken diese Werte auf 2···10°. Die angegebenen Zahlen beziehen sich auf das Gebiet von 20···650°. Die größere Unterschiedlichkeit ist nicht allein begründet durch die verschiedene Wärmeleitfähigkeit, sondern hängt auch ab von dem Spannungszustand, in dem sich das anzuwärmende Stück befindet. Ein Stück, das vor dem Anwärmen einmal weitgehend spannungsfrei geglüht war, wird selbstverständlich eine schnellere Anwärmung vertragen, als wenn es durch irgendwelche Kaltverformung oder durch Abschrecken Spannungen enthalten würde. Auch ist die Art und Weise des Wärmeüberganges von besonderem Einfluß. Der Zeug- oder Feuerschmied wird bei den kleinen Stücken, die er im Herdfeuer wärmt, diese im Feuer immer drehen und wenden, um sie allseitig gleichmäßig anzuwärmen. Bei kleineren Schmiedestücken, die im Schmiedeofen gewärmt werden, läßt sich dies auch noch machen. Schwierig wird es bei größeren Stücken; einmal lassen sich schwerere Stücke von Hand kaum wenden, gelingt es aber, dann wird meistens durch das hohe Gewicht die Herdsohle zerstört, oder die Unterlagen in diese eingedrückt. Der Quadratstab in Abb. 152a ruht während des Wärmens auf einer hohen Unterlage, so daß er allseitig nahezu gleichmäßig angewärmt werden kann. Man kann von der Sohle her eine so gute Anwärmung, wie sie vom Gewölbe her möglich ist, nicht immer erwarten. Deshalb liegt auch der Punkt *M*, das ist der Punkt, der am spätesten von der Wärme erreicht wird, nicht in der Mitte des Querschnittes sondern etwas nach unten. Seine Lage verschiebt sich schon ganz wesentlich, wenn man zwei solcher Quadratstäbe nebeneinander ohne Unterlage auf die Herdsohle legt, wie man dies gelegentlich noch sieht (Abb. 152b). Die Verhältnisse werden beim Anwärmen noch unübersichtlicher und unkontrollierbarer, wenn die Stücke im Ofen gestapelt werden.

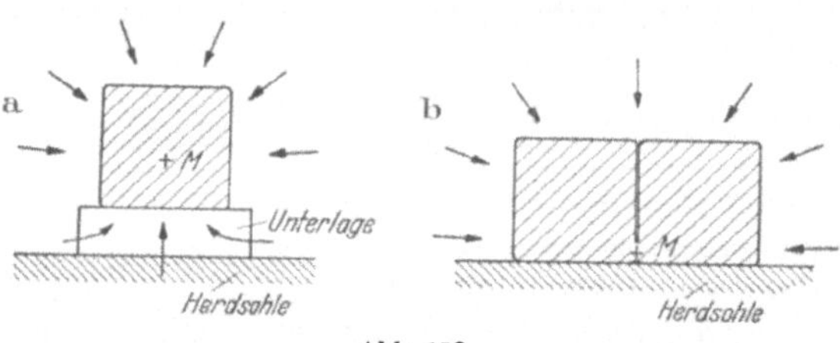

Abb. 152.

Um eine gleichmäßige Durchwärmung bei 650° zu erzielen, muß der Werkstoff auf dieser Temperatur eine entsprechende Zeit gehalten werden. Anhaltswerte enthält Abb. 153. Zu den Werten dieses Diagrammes ist zu sagen, daß sie keinen vollständigen Ausgleich ergeben, sondern nur ausreichen, um beim Anwärmen auf Schmiedetemperatur bei 650° einen genügend großen Temperatur- und Spannungsausgleich zu erzielen, um Schäden zu vermeiden. Zum regelrechten Entspannungsglühen sind die hier angegebenen Werte zu gering.

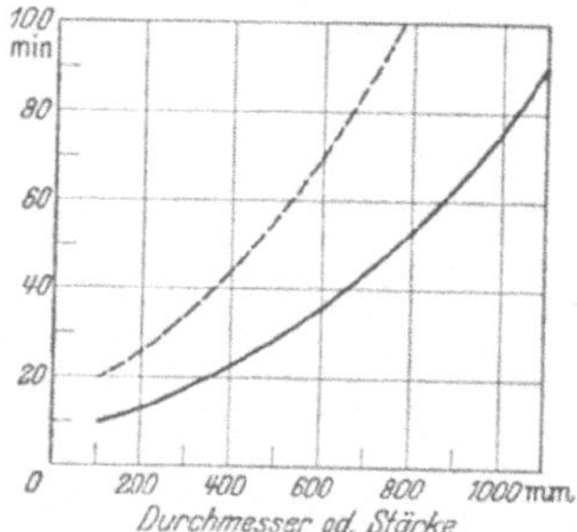

Abb. 153. Ausgleichzeiten bei 650°. —— Unlegierter oder schwachlegierter Stahl bis etwa 60 kg Festigkeit. - - - Höher legierter Stahl bis etwa 100 kg F.

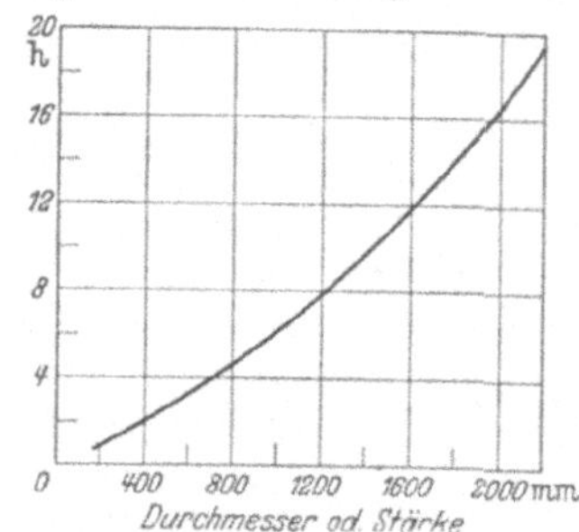

Abb. 154. Durchwärmzeit nach Erreichen der Schmiedetemperatur

Oberhalb 650° sind Wärmespannungen nicht mehr zu befürchten. Das weitere Anwärmen, also der dritte Wärmeabschnitt, kann deshalb ausschließlich nach wirtschaftlichen Gesichtspunkten erfolgen. Dabei soll die Ofentemperatur zu Anfang etwa 250···400° höher liegen als die Werkstücktemperatur, und dann langsamer ansteigen als letztere.

Die Höhe der an der Oberfläche des Werkstoffes gemessenen Temperatur besagt über die Temperatur im Inneren sehr wenig. Zur Beurteilung der Innentemperatur ist (solange uns bessere Mittel nicht zur Verfügung stehen) ausschließlich die Zeit maßgebend. Die Temperatursteigerung an der Oberfläche ist mit Erreichung der Schmiedetemperatur beendet, hieran anschließend erfolgt die Durchwärmung. Anhaltswerte gibt Abb. 154.

Die Trennung in vier Abschnitte verlangt, daß je nach Stahlart, Querschnitt und Temperatur die Wärmeaufnahme beeinflußt wird. Die erforderlichen Hilfsmittel am Ofen sind in erster Linie Schieber und Ventile sowie Meßanlagen für Temperatur, Gasmenge, Luftmenge, Ofendruck und Kaminzug. In kleinen Schmieden sind die Schmiedeöfen selten so eingerichtet, daß sich ohne Beeinträchtigung des Arbeitsablaufes das Anwärmen wie in der vorstehend beschriebenen Weise erreichen läßt. Man sollte aber auch hier alle Möglichkeiten, Vorwärmherde oder Vorwärmöfen zu schaffen, nicht außer acht lassen. Bei Verwendung von Stoßöfen sollte man den vier Wärmeabschnitten entsprechend vier Wärmezonen vorsehen. In Großschmieden, wo sich meistens nur ein Rohblock oder ein entsprechend vorgeschmiedetes Stück jeweils im Ofen befindet, läßt sich der vorher festgelegte Anwärmverlauf sowohl selbsttätig als auch handeinstellbar erreichen.

53. Anwärmverfahren für Koks- und Mischgasöfen. Das vom Verfasser ausgearbeitete und seit etwa 10 Jahren benutzte Verfahren besteht in folgendem:

Bestimmend für das Anwärmen, also für den Temperaturanstieg, ist die jeweils zur Verfügung stehende Brennstoffmenge. Die Beeinflussung geschieht deshalb durch Einstellung der Gaszufuhr. Für jeden Ofen sind die Gasmengen durch Versuche ermittelt, die bei den verschiedensten Ofeninhalten (Werkstück- oder Block-Querschnitten) unter Berücksichtigung der besonderen Belange des Werkstoffes zu bestimmten Zeiten nötig sind, um die vorgesehenen Temperaturen zu erhalten. Mit Hilfe dieser Angaben werden den Ofenleuten für die einzelnen Blöcke oder Stücke ganz klare Anwärmvorschriften in Gestalt von Gasverbrauchsdiagrammen in die Hand gegeben. So ist z.B. das Wärmediagramm für einen 12-t-Block in Abb. 155 wiedergegeben. Es wurde absichtlich der Diagrammstreifen der üblichen Gasmengenschreiber gewählt, um dem Ofenmann alle Abweichungen von der Vorschrift besonders deutlich zu machen. Auf diesem Solldiagramm oder besser gesagt Anwärmeprogramm sind zu bestimmten Zeiten die Anordnungen verzeichnet, die der Ofenmann durchzuführen hat, z.B. mit welchen Brennern und auf welche Gasmenge oder Lufteinstellung einzustellen ist. Das Anwärmprogramm ist in einem ähnlichen Kasten wie der Gasmengenschreiber für den betreffenden Ofen untergebracht. Der Kasten ist so eingerichtet, daß auf der linken Seite des Solldiagrammstreifens ein einstellbarer Zeitstreifen angebracht ist. Der Gang der Dinge ist folgender:

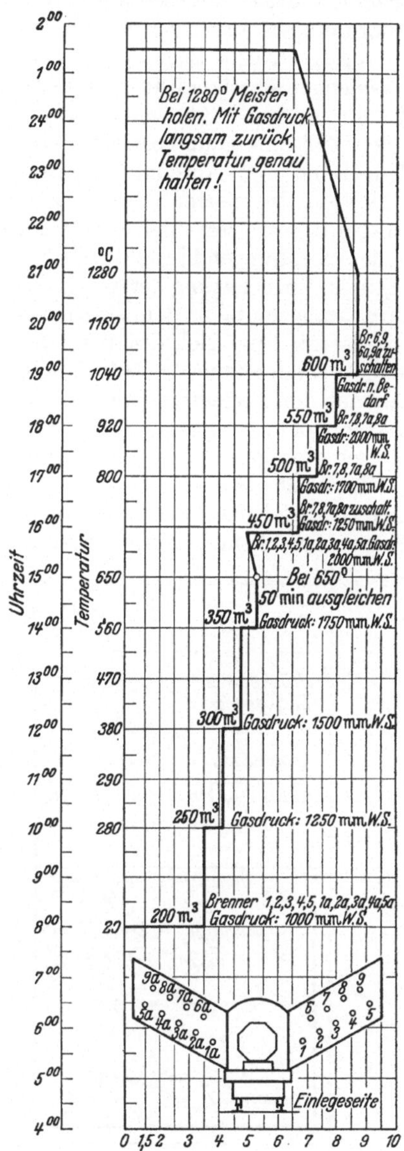

Abb. 155. Anwärmprogramm. 12-t-Rohblock, Stahl unlegiert, höchstens 0,35% C, Blockmaße 800 mm achtkantig.

Beim Einlegen des Werkstoffes wird Blocktemperatur und Zeit gemessen, z.B. 20° 8,00 Uhr. Der Ofenmeister sucht auf dem Anwärmeprogramm die Stelle mit 20°

und verschiebt den Zeitstreifen so, daß die Zeit 8,00 Uhr mit der Stelle, die im Programm 20° anzeigt, übereinstimmt. Der weitere Verlauf ergibt sich aus der Abb. 155. Zu ganz bestimmten Zeiten, die der Ofenmann aus dem Zeitstreifen ersieht, führt er die rechts im Anwärmprogramm an der Gas-Sollkurve stehenden Anordnungen aus. Die Anordnungen werden überwacht durch den Gasmengenschreiber. Nach Beendigung des Anwärmevorganges wird das Diagramm des Gasmengenschreibers ausplanimetriert, die Unterschiede werden festgestellt und das Programm entsprechend ausgewertet. Das beschriebene Verfahren sieht für jeden Fall eine ganz bestimmte Anwärmzeit vor. Irgendwelche Abänderungen in den ersten drei Abschnitten des Anwärmens sind für das Ofenpersonal ausgeschlossen. Im vierten Abschnitt (Durchwärmung) erfolgt zwangsläufig Mitteilung an den Ofenmeister oder Schmiedemeister, damit dieser in die Lage versetzt wird, seine Anordnungen hinsichtlich der weiteren Behandlung des Blockes, des Schmiedebeginns, Vorbereitung der Werkzeuge usw. zu treffen. Der Anfang der Schmiedezeit wird zwangsläufig zu dem Zeitpunkt, in welchem das Stück in den Ofen gelegt wird, festgesetzt. Fügt sich der aus dem Wärmeprogramm entstehende Zeitpunkt nicht in die Arbeitsteilung des betreffenden Tages ein, so wird der Block für die Zwischenzeit auf der Einlegtemperatur (das ist die niedrigste Temperatur) gehalten, d. h. also mit dem geringsten Aufwand an Kosten so lange warmgehalten, bis die Zeit für seine programmäßige Anwärmung gekommen ist.

Zahlreiche Stücke können aus dem einen oder anderen Grunde nicht nach dem hier beschriebenen Verfahren angewärmt werden. Es ist dann nötig, von Fall zu Fall entsprechende Anweisungen auszuarbeiten und dem Ofenpersonal in schrift-

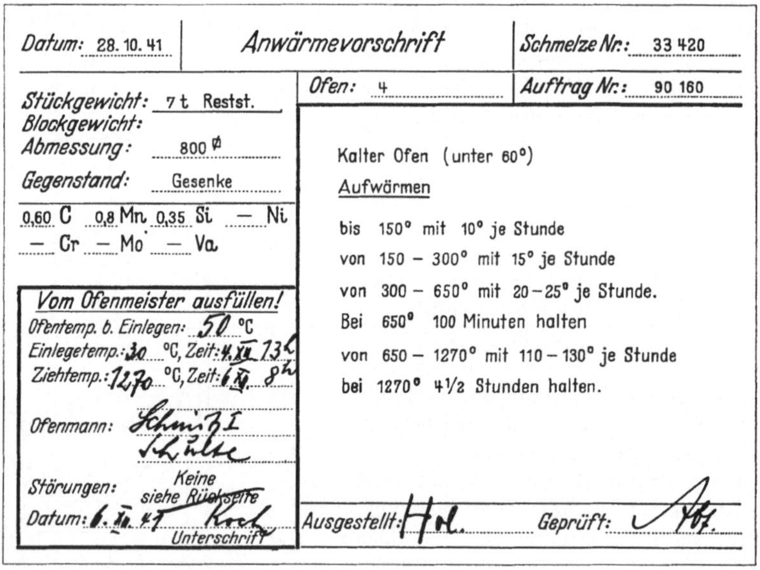

Datum: 28. 10. 41 | Anwärmevorschrift | Schmelze Nr.: 33 420

Ofen: 4 | Auftrag Nr.: 90 160

Stückgewicht: 7 t Restst.
Blockgewicht:
Abmessung: 800 ⌀
Gegenstand: Gesenke

0,60 C 0,8 Mn 0,35 Si — Ni
— Cr — Mo — Va

Vom Ofenmeister ausfüllen!
Ofentemp. b. Einlegen: 50 °C
Einlegetemp.: 30 °C, Zeit: 4. XII. 13h
Ziehtemp.: 1270 °C, Zeit: 6. XII. 8h
Ofenmann: Schmitz I, Schulte
Störungen: Keine ~~siehe Rückseite~~
Datum: 6. XII. 41 Koch
Unterschrift

Kalter Ofen (unter 60°)

Aufwärmen

bis 150° mit 10° je Stunde
von 150 – 300° mit 15° je Stunde
von 300 – 650° mit 20 – 25° je Stunde.
Bei 650° 100 Minuten halten
von 650 – 1270° mit 110 – 130° je Stunde
bei 1270° 4½ Stunden halten.

Ausgestellt: Geprüft:

Abb. 156.

licher Form zu geben (Abb. 156). Die beschriebenen Verfahren erheben keinesfalls Anspruch auf Vollständigkeit, sie sollen lediglich als Anregung dienen. Sehr unterschiedlich und schwierig gestalten sich die Anwärmverhältnisse, wenn aus einem Ofen mehrere Hämmer oder Pressen arbeiten und noch verschiedene Stahlsorten und verschieden große Stücke verschmiedet werden. Solange die Abmessungen klein sind, und es sich um verhältnismäßig weichen Stahl handelt, braucht ein solcher Betrieb noch nicht einmal sehr ungünstig zu sein. Bei größeren Stücken und härteren Stählen jedoch verbietet sich eine derartige unübersichtliche Wärmebehandlung.

54. Abkühlen. Etwa umgekehrt wie beim Anwärmen verlaufen die Vorgänge beim Abkühlen. Wird ein Körper mit einer Temperatur von beispielsweise 600° außerhalb des Ofens und ohne jede Bedeckung mit wärmeisolierenden Stoffen zum Abkühlen abgelegt, so ist nach einer bestimmten Zeit der Zustand (Abb. 157a) eingetreten. Da die Wärme nur durch die Körperoberfläche abfließen kann, hat zunächst nur in der dünnen Außenschicht eine Temperaturermäßigung stattgefunden. Nach einer weiteren Zeit ist der Zustand (Abb. 157 b) eingetreten. Dieser Vorgang dauert so lange, bis der ganze Körper seine Wärme an die Außenluft abgegeben und in seinem Innern an allen Stellen gleiche Temperatur angenommen hat.

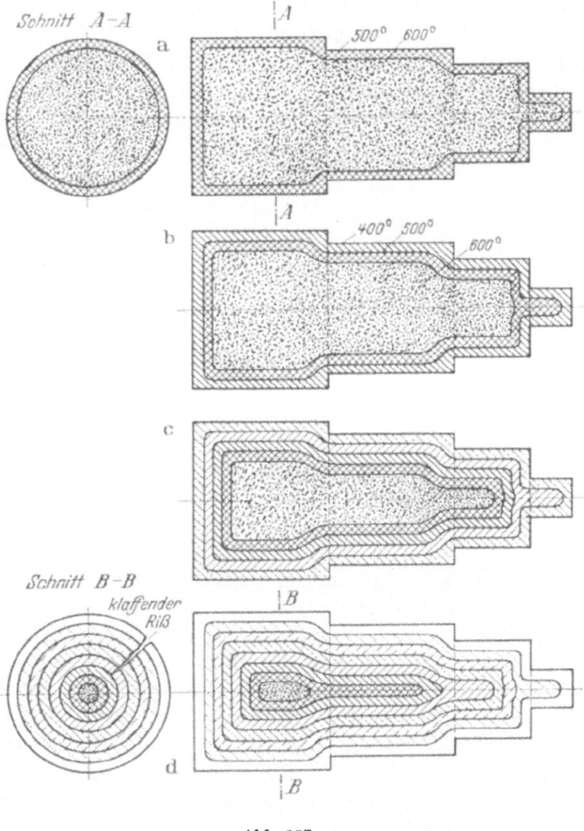

Abb. 157.

Mit den verschiedenen Temperaturen ändert der Werkstoff auch nun beim Abkühlen sein Volumen; er zieht sich zusammen. Hieran wird er gehindert, solange der innen liegende Werkstoff noch eine höhere Temperatur und somit ein größeres Volumen hat. Dabei ergeben sich in den nach außen liegenden Schichten Zugspannungen und in den nach innen liegenden Druckspannungen. Bei zu schneller, ungehinderter Abkühlung und bei Werkstoffen, welche hart und wenig plastisch verformbar sind, führen diese Zugspannungen zu Rissen. Diese Risse nehmen aber nun nicht vom Innern her ihren Anfang (wie beim Anwärmen), sondern von außen.

Das Abkühlen kann sowohl innerhalb des Ofens als auch außerhalb stattfinden. So lange sich das Stück im Ofen befindet, hat man die Möglichkeit, durch Zufuhr von Wärme die Abkühlung weitgehendst zu verzögern. Spannungsmäßig ist auch hier das Gebiet unterhalb 650° das kritische und gerade in diesem Temperaturbereich ist die Einstellung der Ofentemperatur am schwierigsten und dauert die Abkühlung am längsten.

Sehr viel Ausschuß und hohe Kosten entstehen oft dadurch, daß Stücke während des Abkühlens vorzeitig aus dem Ofen genommen werden. Vielfach befinden sich die Stücke dann noch auf Temperaturen zwischen 200···450°, also in einem Gebiet, in dem sich bei schneller Abkühlung außerhalb des Ofens noch hohe Spannungen, welche zu Rissen führen können, bilden. Man muß in der Schmiede den Abkühlvorgängen genau dieselbe Aufmerksamkeit widmen wie denjenigen beim Anwärmen. Die Anwärmöfen oder, wie man besser sagt, die Schmiedeöfen sind keinesfalls immer geeignet, Schmiedestücke nach dem Schmieden zum Glühen aufzunehmen. Eine Schmiede ist deshalb auch heute nicht mehr denkbar ohne einen besonderen Ofenpark zur Aufnahme der Stücke nach dem Schmieden; sei es in Verbindung mit der Glüherei oder der Vergütung. Die alte Gepflogenheit, Schmiedestücke nach dem Schmieden auf den Fußboden der Schmiede abzulegen und die an den Ablegestellen auftretende Staubentwicklung durch reichliche Wasserzugaben zu verhüten, muß nun heute auch in der kleinsten Schmiede vollkommen eingestellt werden. Nach dem Schmieden befindet sich das Schmiedestück stets in einem mehr oder minder großen Spannungszustand. Der nach außen liegende Werkstoff ist durch das Schmieden verfestigt; nach außen hin ist er auch kälter, der Kern ist wärmer, so daß in diesem Zustand eine zusätzliche schnelle Abkühlung Spannungen bringt, die das Stück zerstören.

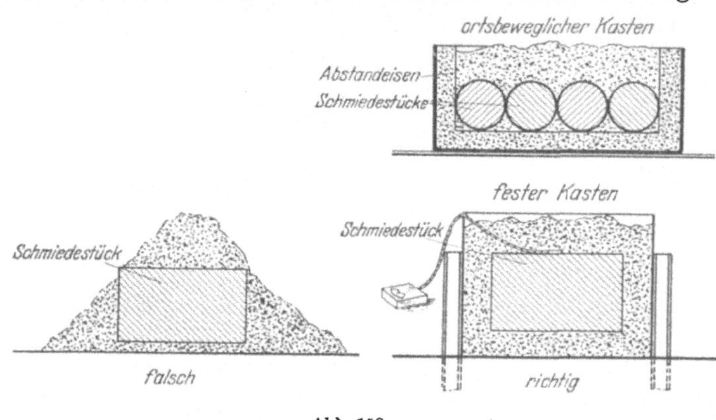

Abb. 158.

Bei großen Stücken, die tage- oder wochenlang abkühlen, verbietet sich aus wirtschaftlichen Gründen ein Abkühlen im Ofen. Besser als Abkühlung im Ofen ist diejenige unter wärmeisolierenden Stoffen. Im allgemeinen stehen uns zur Verfügung: Holzkohle, Braunkohle, Kieselgur, Sand, Asche, Hochofenschlacke und Ziegelmehl. Holzkohle und Braunkohle glühen lange nach. Sie sind deshalb im Temperaturbereich 450···650° besonders geeignet. Da ihre Substanz durch die Verbrennung sich dauernd verringert, ist ein Nachfüllen oder Zudecken mit einem der anderen Stoffe notwendig. Kieselgur ist ein sehr guter Wärmeisolator, aber verursacht leider oft unerträglichen Staub. Am meisten benutzt wird Sand, Asche, Hochofenschlacke in Körnungen von 2···10 mm. Zum gleichmäßigen spannungsverhütenden Abkühlen müssen die Stücke allseitig mit diesen Stoffen umgeben werden. Besonders dick ist das Stück gegen den Boden zu isolieren, um die Bodenkälte und Bodenfeuchtigkeit fernzuhalten. Die Dicke der Isolierschicht hängt aber von der Güte der Isolierstoffe und der Größe der Stücke ab. Unter 30 cm sollte man nicht gehen. Gelegentliche Staubentwicklung muß durch Absaugen oder Durchsiebung, keinesfalls durch Besprengen mit Wasser bekämpft werden. Nasse Isolierstoffe sind nutzlos. Die Einpackung muß sorgfältig erfolgen. Kanten und vorstehende Ecken dürfen nicht durch Erschütterung der Entblößung ausgesetzt sein (s. Abb. 158).

Das Einlegen geschieht im allgemeinen zwischen 650 und 680°. Sind alle Voraussetzungen (trockener Isolierstoff, genügend dicke Isolierschicht) gegeben, so erfolgt die Abkühlung so langsam, daß sich Abkühlungsspannungen nur in äußerst geringem Maße bilden. Zur Überwachung der Temperatur wird ein Thermoelement möglichst fest an das Stück angelegt. Die Abkühlungszeit der in Isolierstoffe eingepackten Stücke ist nicht regulierbar. Man muß mit dem Auspacken warten, bis die Temperatur zuverlässig auf 70···80° abgesunken ist, was je nach Größe der Stücke wenige Tage bis einige Monate dauert.

Nachtrag.

22a. Stähle für größere Schmiedestücke. Das vom *Verein Deutscher Eisenhüttenleute* herausgegebene *Werkstoffblatt 550—51* „Stähle für größere Schmiedestücke" schließt sich an die in DIN 17 200 enthaltenen Angaben über Vergütungsstähle an und gilt für Stähle, die für frei geschmiedete Bauteile vornehmlich mit mehr als 100 mm Wanddicke oder Durchmesser im vergüteten oder normalgeglühten Zustande oder auch für größere Gesenkschmiedestücke verwendet werden. Dieses Werkstoffblatt [1], das schon seines Umfanges wegen hier nicht wiedergegeben werden kann, ist zugleich auch eine Erweiterung des Normblattes DIN 17 200. Es gibt die chemische Zusammensetzung der Stähle für größere Schmiedestücke an, die dafür gewährleisteten Festigkeitswerte bei Vergütungsquerschnitten bis zu 500 mm Durchmesser und die gewährleisteten Warmfestigkeitswerte dieser Stähle. Es enthält ferner Richtlinien für die Auswahl von Stählen für große Schmiedestücke mit Betriebstemperaturen bis 400° und über 400°, geordnet nach Streckgrenze bei 20° und nach Querschnitt, u. zw. Dicke oder Durchmesser bis 150, bis 250, bis 300, bis 500, beliebig mm. Schließlich ist noch eine Tabelle mit Beispielen für die Verwendung der aufgeführten Stähle und eine Zusammenstellung technischer Lieferbedingungen für größere Schmiedestücke in dem Werkstoffblatt enthalten.

Die in den Normblättern angegebenen physikalischen Werte der genormten Stähle gelten für ganz bestimmte Querschnitte, wesentlich unter 100 mm Wandstärke oder Durchmesser. Bei größeren Querschnitten können diese Werte erheblich absinken, und zwar nicht allein infolge der Querschnittsvergrößerung und der dadurch hervorgerufenen veränderten Verhältnisse bei der Wärmebehandlung, sondern auch, weil Proben aus der Blockmitte oder dem Seigerungskranz andere Werte ergeben als von der Peripherie des Blockes.

---

[1] Verlag Stahleisen m.b.H., Düsseldorf, Schließfach 2590.

Freiformschmiede. 2. Teil: **Konstruktion und Ausführung von Schmiedestücken (Schmiedebeispiele).** Von **A. Stodt.** (Werkstattbücher für Betriebsangestellte, Konstrukteure und Facharbeiter, Heft 12.) Dritte, neubearbeitete Auflage. Mit 107 Abbildungen. 57 Seiten. 1950. DM 3.60

Gesenkschmieden von Stahl. 1. Teil: **Technologische Grundlagen der Gestaltung von Schmiedestücken und Schmiedewerkzeugen.** Von **H. Kaessberg.** (Werkstattbücher für Betriebsangestellte, Konstrukteure und Facharbeiter, Heft 31.) Dritte, neubearbeitete Auflage. Mit 170 Abbildungen. 60 Seiten. 1950. DM 3.60

Gesenkschmieden von Stahl. 2. Teil: **Die Gestaltung der Schmiedewerkzeuge.** Von **H. Kaessberg.** (Werkstattbücher für Betriebsangestellte, Konstrukteure und Facharbeiter, Heft 58.) Zweite, neubearbeitete Auflage. Mit 255 Abbildungen. 62 Seiten. 1951. DM 3.60

Gesenkschmieden von Stahl. 3. Teil. Von **H. Kaessberg.** (Werkstattbücher für Betriebsangestellte, Konstrukteure und Facharbeiter, Heft 108.) Etwa 64 Seiten. (In Vorbereitung.) DM 3.60

Stanztechnik. 1. Teil: **Schnittechnik. Technologie des Schneidens. Die Stanzerei.** Von **E. Krabbe.** (Werkstattbücher für Betriebsangestellte, Konstrukteure und Facharbeiter, Heft 44.) Dritte, verbesserte Auflage. Mit 113 Abbildungen. 56 Seiten. 1953. DM 3.60

Stanztechnik. 4. Teil: **Formstanzen.** Von **W. Sellin.** (Werkstattbücher für Betriebsangestellte, Konstrukteure und Facharbeiter, Heft 60.) Zweite, verbesserte Auflage. Mit 126 Abbildungen. 58 Seiten. 1949. DM 3.60

Werkstattstechnik und Maschinenbau.

Organ der Arbeitsgemeinschaft Deutscher Betriebsingenieure und der Arbeitsgemeinschaft für fertigungstechnisches Meßwesen im VDI.

Herausgeber: Professor Dr.-Ing. **O. Kienzle.**

Behandelt werden alle werkstattstechnischen Fragen im Maschinen- und Apparatebau sowie in der Feinmechanik, Arbeitsverfahren, Verhalten der Werkstoffe bei der Verarbeitung, Werkzeugmaschinen, Werkzeuge, Vorrichtungen der spanenden und umformenden Bearbeitung, rationelle Fertigung Normung, Austauschbau, Prüfverfahren, Meßzeuge, Werkstätteneinrichtung, Arbeitsschutz. Berichte über die Gemeinschaftsarbeit der ADB, AFM, VDI und AWF.
Bücher und Zeitschriftenschau.

Monatlich ein Heft DIN A 4. Vierteljährlich DM 6.—

Zu beziehen durch jede Buchhandlung

Hydraulische Schmiedepressen und Kraftwasseranlagen. Konstruktion und Berechnung. Von **Ernst Müller,** Duisburg. Zweite, verbesserte Auflage. Mit 167 Abbildungen. VII, 208 Seiten. 1952. Ganzleinen DM 28.50

Mechanische Technologie. Von Dipl.-Ing. **Alfred Kopecky,** Steyr, und Dipl.-Ing. Dr. techn. **Rudolf Schamschula,** Wien. Mit 424 Textabbildungen. X, 363 Seiten. 1951. (Springer-Verlag, Wien.) Steif geheftet DM 18.—; Halbleinen DM 19.80

Die Edelstähle. Von Professor Dr.-Ing. **Franz Rapatz,** Stahlwerk Gebr. Böhler & Co. A.-G., Kapfenberg (Steiermark). Vierte, verbesserte und erweiterte Auflage. Unter Mitwirkung von Dr.-Ing. Helmut Krainer und Dipl.-Ing. Josef Frehser, Stahlwerk Gebr. Böhler & Co., A.-G., Kapfenberg (Steiermark). Mit 338 Abbildungen und 121 Zahlentafeln. V, 730 Seiten. 1951. Ganzleinen DM 49.50

Was ist Stahl? Einführung in die Stahlkunde für Jedermann. Von **Leopold Scheer.** Neunte Auflage. Mit 49 Abbildungen und einer Tafel. VI, 109 Seiten. 1952. DM 5.70

Die Oberflächenhärtung und ihre Berücksichtigung bei der Gestaltung. Von Dr.-Ing. **E. F. Göbel,** Karlsruhe, und Dr.-Ing. **W. Marfels,** Köln-Deutz. Mit 69 Abbildungen. IV, 95 Seiten. 1953. DM 9.—

Ausgewählte chemische Untersuchungsmethoden für die Stahl- und Eisenindustrie. Von Chem.-Ing. **Otto Niezoldi,** ehemals Leiter des chemischen, metallographischen und röntgenographischen Laboratoriums der Firma Rheinmetall-Borsig A.-G., Werk Borsig, Berlin-Tegel. Vierte, vermehrte und verbess. Auflage. VII, 184 S. 1949. DM 9.60

Das Blech und seine Prüfung. Von Dr.-Ing. habil. **Gerhard Oehler,** Professor an der Technischen Hochschule Hannover. Mit 258 Abbildungen und 12 Tabellen im Text und auf einer Tafel. VIII, 297 Seiten. 1953. Ganzleinen DM 25.50

Grundlagen der Metallkunde in anschaulicher Darstellung. Von Dr. **Georg Masing,** o. ö. Professor an der Universität Göttingen, Direktor des Instituts für allgemeine Metallkunde Göttingen. Dritte, verbesserte Auflage. Mit 140 Abbildungen. VIII, 148 Seiten. 1951. Steif geheftet DM 12.60

Kunstharzpreßstoffe und andere Kunststoffe. Eigenschaften, Verarbeitung und Anwendung. Von Oberingenieur **Walter Mehdorn,** Berlin. Dritte, erweiterte Auflage. Mit 276 Abbildungen und einer Ausschlagtafel. VIII, 354 Seiten. 1949. Ganzleinen DM 36.—

Handbuch für Maschinenarbeiter. Von Dr.-Ing. **Siegfried Werth,** Industrieberater, Düsseldorf. Zweite, erweiterte Auflage. Mit 117 Abbildungen. VI, 130 Seiten. 1950. Steif geheftet DM 6.60

Klingelnberg Technisches Hilfsbuch. Herausgegeben von Obering. **Walter Krumme,** Wuppertal, und Dipl.-Ing. **Rudolf Reindl,** Jena. Dreizehnte, völlig neu bearbeitete Auflage von Schuchardt & Schüttes Technisches Hilfsbuch. Mit zahlreichen Abbildungen und Zahlentafeln. XVI, 850 Seiten. 1953. Ganzleinen DM 19.80

Dubbels Taschenbuch für den Maschinenbau. Bearbeitet von namhaften Fachleuten. Elfte, völlig neubearbeitete Auflage unter Mitwirkung von Dr.-Ing. A. Leitner, herausgegeben von Dr.-Ing. **F. Sass,** Professor an der Technischen Universität Berlin, und Dipl.-Ing. **Ch. Bouché,** Direktor der Ingenieurschule Beuth, Berlin. Mit etwa 3000 Abbildungen. In zwei Bänden. XV, 796 und XVI, 882 Seiten. 1953. Ganzleinen DM 37.50

Zu beziehen durch jede Buchhandlung

Einteilung der bisher erschienenen Hefte nach Fachgebieten (Fortsetzung)

II. Spangebende Formung (Fortsetzung)

Heft

Außenräumen. 2. Aufl. Von A. Schatz 80

Das Schleifen und Polieren der Metalle. 4. Aufl. Von O. Werkmeister ....

Spitzenloses Schleifen I — Maschinenaufbau und Arbeitsweise —. Von W. Hofmann 97

Spitzenloses Schleifen II — Zusatzvorrichtungen, Genauigkeits- und Schönheitsschliff —. Von W. Hofmann 107

Läppen. Von H. H. Finkelnburg 105

Werkzeugschleifen. Von A. Rottler 94

Feilen. 2. Aufl. Von B. Buxbaum (Im Druck) 46

Das Sägen der Metalle. 2. Aufl. Von J. Hollaender 40

Die Fräser. 4. Aufl. Von E. Brödner 22

Das Fräsen. 2. Aufl. Von Dipl.-Ing. H. H. Klein 88

Die wirtschaftliche Verwendung von Einspindelautomaten. 2.Aufl. Von H.H.Finkelnburg 81

Die wirtschaftliche Verwendung von Mehrspindelautomaten. 2.Aufl. Von H.H.Finkelnburg 71

Werkzeugeinrichtungen auf Einspindelautomaten. 2. Aufl. Von F. Petzoldt 83

Werkzeugeinrichtungen auf Mehrspindelautomaten. Von F. Petzoldt 95

Maschinen und Werkzeuge für die spangebende Holzbearbeitung. 2. Aufl. Von H. Wichmann 78

III. Spanlose Formung

Freiformschmiede I — Grundlagen, Werkstoff der Schmiede, Technologie des Schmiedens —. 4. Aufl. Von F. W. Duesing und A. Stodt 11

Freiformschmiede II — Konstruktion und Ausführung von Schmiedestücken. Schmiedebeispiele —. 3. Aufl. Von A. Stodt 12

Freiformschmiede III — Einrichtung u. Werkzeuge der Schmiede —. 2. Aufl. Von A. Stodt 56

Gesenkschmieden von Stahl I — Technologische Grundlagen der Gestaltung von Schmiedestücken und Schmiedewerkzeugen —. 3. Aufl. Von H. Kaessberg 31

Gesenkschmieden von Stahl II — Die Gestaltung der Schmiedewerkzeuge —. 2. Aufl. Von H. Kaessberg 58

Das Pressen der Metalle. Von A. Peter 41

Die Herstellung roher Schrauben I — Anstauchen der Köpfe —. Von J. Berger 39

Stanztechnik I — Schnittechnik —. 3. Aufl. Von E. Krabbe 44

Stanztechnik II — Die Bauteile des Schnittes —. 2. Aufl. Von E. Krabbe 57

Stanztechnik III — Grundsätze für den Aufbau von Schnittwerkzeugen —. Von E. Krabbe 59

Stanztechnik IV — Formstanzen —. 2. Aufl. Von W. Sellin 60

Die Ziehtechnik in der Blechbearbeitung. 3. Aufl. Von W. Sellin 25

Hydraulische Preßanlagen für die Kunstharzverarbeitung. 2. Aufl. Von H. Lindner 82

IV. Schweißen, Löten, Gießerei

Die neueren Schweißverfahren. 7. Aufl. Von P. Schimpke 13

Das Lichtbogenschweißen. 4. Aufl. Von E. Klosse 43

Praktische Regeln für den Elektroschweißer. 3. Aufl. Von R. Hesse 74

Widerstandsschweißen. 2. Aufl. Von W. Fahrenbach 73

Das Schweißen der Leichtmetalle. 2. Aufl. Von Th. Ricken 85

Schweißtechnische Berechnungen. Von E. Klosse 102

Metallspritzen. Von K. Krekeler und K. Steinemer 93

Das Löten. 3. Aufl. Von W. Burstyn 28

Fachkunde für den Modellbau. 2. Aufl. Von E. Kadlec 72

Der Holzmodellbau I — Allgemeines, einfachere Modelle —. 3. Aufl. Von R. Löwer 14

Der Holzmodellbau II — Beispiele von Modellen und Schablonen zum Formen —. 3. Aufl. Von R. Löwer 17

Modell- und Modellplattenherstellung für die Maschinenformerei. 2. Aufl. Von H. Jung 37

Der Gießerei-Schachtofen im Aufbau und Betrieb. 4. Aufl. Von Joh. Mehrtens 10

Handformerei. 2. Aufl. Von F. Naumann 70

Maschinenformerei. Von U. Lohse †. 2. Aufl. Von H. Allendorf 66

Formsandaufbereitung und Gußputzerei. Von U. Lohse 68

(Fortsetzung 4. Umschlagseite)